W0312913

MEDITATION

Meditation für Anfänger und Skeptiker -
Einfach & effektiv meditieren lernen
mit der ultimativen Schritt-für-Schritt Anleitung
und den besten Meditationstechniken

Copyright © 2021 Michael Frank
Alle Rechte vorbehalten
1.Auflage

ISBN-13: 978-1723784842

Haftungsausschluss

Hinweis für den Leser und Nutzer

Alle Aussagen des vorliegenden Werks wurden sorgfältig recherchiert und nach bestem Gewissen des Autors getroffen. Für die Vollständigkeit, Richtigkeit und Aktualität des Inhalts kann jedoch keine Garantie oder Gewähr übernommen werden. Der Inhalt des vorliegenden Werks repräsentiert die persönliche Meinung und Erfahrung des Autors und dient nur der Aufklärung und Bildung und sollte daher nicht mit einer ärztlichen Beratung, Diagnose oder Behandlung verwechselt werden. Die Umsetzung der Ratschläge obliegt der alleinigen Verantwortung des Lesers. Eine Gewährleistung für Erfolgsgarantien oder Ähnlichem kann nicht gegeben werden. Es wird keinerlei Haftung für jegliche Art von Folgen aus Irrtümern, die im Zusammenhang mit dem Inhalt dieses Werks entstehen, mit denen der folgende Text behaftet sein könnte, übernommen.

Bibliografische Informationen der Deutschen Nationalbibliothek:
Die Deutsche Nationalbibliothek verzeichnet diese Publikation in der Deutschen Nationalbibliografie. Detaillierte bibliografische Daten sind im Internet unter https://portal.dnb.de/

Copyright © 2021 Michael Frank – alle Rechte vorbehalten

Impressum

Alle Rechte dieses Werks liegen beim Autor

Michael Frank

Ringstraße 38

95643 Tirschenreuth

Deutschland

Für Fragen und Anregungen

info@thalis-buecher.de

Druck und Bindung

Amazon Media EU S.à r.l

5 Rue Plaetis

L-2338 Luxembourg

Dieses Werk, einschließlich aller seiner Teile, ist urheberrechtlich geschützt. Jede Verwertung außerhalb der engen Grenzen des Urheberrechts ist ohne ausdrückliche Zustimmung des Autors strafbar. Dies gilt insbesondere für Vervielfältigungen, Übersetzungen und Mikroverfilmungen, sowie Einspeicherung und Bearbeitung in elektronischen Systemen. Verstöße gegen den urheberrechtlichen Schutz sowie jegliche Bearbeitung der hier erwähnten schöpferischen Elemente sind nur mit ausdrücklicher vorheriger Zustimmung des Autors zulässig. Zuwiderhandlungen werden unter anderem strafrechtlich verfolgt.

Inhaltsverzeichnis

Vorwort

Das Buch *Meditation für Anfänger* erklärt auf einfache und verständliche Art und Weise die Theorie und Anwendung verschiedener Meditationstechniken. Mittels der detailliert aufgeführten Schritt-für-Schritt Anleitung ist es sowohl Anfängern, als auch denjenigen, welche erste Erfahrungen mit Meditation sammeln konnten, möglich, die verschiedensten Techniken im Alltag anzuwenden. Dadurch lässt sich das eigene Wohlbefinden erheblich verbessern. All diejenigen, die das Meditieren lernen möchten, bekommen mit diesem Buch alle notwendigen Werkzeuge, Grundlagen und zudem positiven Effekte vermittelt. Wissenschaftlichen Studien zufolge lassen sich durch eine regelmäßig ausgeführte Meditation nicht nur psychische sondern auch physische Krankheiten wie etwa Bluthochdruck therapieren. Gemeinsam mit dir möchte ich die tägliche Meditation zu einem unentbehrlichen Bestandteil deines Lebens werden lassen und dir somit zu mehr Ruhe, Gelassenheit und Achtsamkeit verhelfen.

Es klingt ebenso einfach wie überzeugend – jeder besitzt die Möglichkeit, sein Leben selbst in die Hand zu nehmen und sich nicht durch eine fortwährend steigende Reizüberflutung sowohl im privaten als auch im beruflichen Leben negativ beeinflussen zu lassen. Die Integration der Meditation in den Alltag stellt ein natürliches Mittel zur Stärkung des Körpers, Geistes und der Seele dar. Wenn Du dein mentales, emotionales und physisches Schicksal erfolgreich meistern möchtest, ist es zwingend notwendig, dein Leben in Achtsamkeit, Ruhe und Gelassenheit zu genießen. Durch das Lesen und Anwenden des Wissens aus diesem Buch wirst Du deine innere Mitte finden und dir folglich einen klaren Vorteil gegenüber anderen verschaffen.

Die vermittelte Anleitung ist darauf ausgelegt, auf einfache Art und Weise die Meditation zu erklären und diese dauerhaft in den Alltag integrieren zu können. Wir werden gemeinsam den Stein auf deiner persönlichen Reise zu einem glücklichen und erfolgreichen Leben ins Rollen versetzen. Denn sobald der erste Anstoß getan ist, kann ihn nichts und niemand stoppen. Die zahlreichen, positiven Rückmeldungen bestätigen meine Absicht der Inspiration, Motivation und Veränderung der Sichtweise des Lesers. Zudem bestätigt es die Effektivität des in diesem Buch enthaltenen Wissens und der vermittelten Anleitung.

Außerdem möchte ich sehr gerne eine persönliche Bindung zu meinem Leser aufbauen. Dies erreiche ich – meiner Ansicht nach – am besten, indem ich die „Du"-Form verwende. Dadurch kann ich eine gewisse Offenheit, Vertrautheit und Freundschaft aufbauen.

Mein Anspruch mit diesem Buch

Mein Anspruch mit diesem Buch besteht darin, die Grundlagen und eine einfache und leicht verständliche Anleitung zur dauerhaften und konsequenten Anwendung der Meditation zu erläutern. Damit möchte ich vielen Menschen zu einem erfolgreichen, glücklichen und stressfreien Leben verhelfen. Ich möchte dir zeigen, dass es mit dem richtigen Wissen und der richtigen Methode möglich ist, Ruhe, Gelassenheit und Achtsamkeit im Leben zu genießen.

Durch die Integration der Meditation im Alltag ist es dir nicht nur möglich, deine Lebensqualität zu erhöhen, sondern auch innere Zufriedenheit zu verspüren und dein persönliches Schicksal in die eigene Hand zu nehmen. Dieses Buch wird dich in deiner Entwicklung enorm voranbringen. Ich möchte deine persönliche

Entwicklung auf die nächste Stufe heben und dein Leben glücklich und erfolgreich werden lassen! Genieße beim Lesen dieses Buches den unkomplizierten Zugang zur Meditation. Dabei muss die Meditation nicht zwangsläufig mit spirituellen und religiösen Zusammenhängen verbunden werden. Die Meditation kann genauso gut zum alleinigen Wohlbefinden des Körpers, Geistes und der Seele eingesetzt werden. Es stellt ein Werkzeug der Selbsterkenntnis dar, welches jeder für sich nutzen kann.

Wie ist dieses Buch aufgebaut?

Im ersten Teil des Buches werden wissenswerte Details zur Meditation näher erläutert. Von der Erklärung und dem Ursprung der Meditation über zahlreiche positive Effekte, die mittels wissenschaftlicher Studien belegt wurden. Es ist also durchaus möglich, über die Anwendung der Meditation psychische und physische Krankheiten vorzubeugen oder zu therapieren. Ebenso werde ich auf den genauen Unterschied zwischen passiven und aktiven Meditationstechniken eingehen, um somit einen Überblick über die Aufteilung zu verschaffen. Der erste Teil des Buches soll als kurze Einleitung des Buches verstanden werden.

Der zweite Teil des Buches besteht aus den besten und am häufigsten angewandten Meditationstechniken. Diese kannst auch Du dir zu Nutze machen und in deinen Alltag integrieren. Du wirst davon enorm profitieren.

Der wichtigste Teil und der Fokus des Buches liegt auf der leicht verständlichen Schritt-für-Schritt Anleitung zur Durchführung der Meditation. Mit der Kenntnis über die verschiedenen Meditationstechniken und diesem Handbuch ist es auf einfache Art und Weise möglich, die Meditation in den Alltag zu integrieren und somit das Instrument der Selbsterkenntnis zu nutzen. Im kostenlosen Bonusmaterial erhältst Du außerdem ein Übungsbuch mit den hochwirksamsten Achtsamkeitsübungen, welche dir als Unterstützung bei der Anwendung dienen sollen. So ist es dir möglich, noch effektiver und schneller an dein Ziel zu gelangen und dein Leben bewusster und gelassener zu genießen. Den Link zum Download findest Du im dazugehörigen Kapitel.

Ich wünsche dir nun viel Erfolg, Disziplin und Fokus auf dem Weg zu deinem persönlichen Ziel. Ich werde dir immer sehr gerne mit Rat und Tat zur Seite stehen. Sollten sich während dem Lesen des Buches Fragen ergeben, Du auf Probleme bei der Umsetzung stoßen oder Du einfach nur den Kontakt suchen solltest, kannst Du mich jederzeit unter info@thalis-buecher.de kontaktieren. Ich werde dir persönlich deine Fragen beantworten.

Viele Grüße
Michael

Teil 1
Wissenswertes rund um die Meditation

Kapitel 1

Erklärung und Ursprung der Meditation

1

Erklärung und Ursprung der Meditation

„Wenn du die Berührung mit der inneren Stille verlierst, verlierst du den Kontakt mit dir selbst. Wenn du den Kontakt mit dir selbst verlierst, verlierst du dich in der Welt!"

- Eckhard Tolle -

Was ist Meditation?

Das Wort Meditation stammt aus dem Lateinischen und bedeutet so viel wie „nachdenken, nachsinnen, überlegen". Meditation ist eine in vielen Kulturen und Religionen ausgeführte spirituelle Praxis, welche das Ziel verfolgt, eine innere Ruhe und Gelassenheit einzustellen. In östlichen Kulturen gilt sie als eine grundlegende und bewusstseinserweiternde Übung. Dort beschreibt man die angestrebten Bewusstseinszustände meist mit *Leere*, *Stille*, *im Hier und Jetzt sein* oder *frei von Gedanken sein.*

Die Meditation nimmt in einigen Kulturen und Religionen eine zentrale Rolle ein. In den westlichen Ländern hingegen wird es meist unabhängig von religiösen Aspekten und spirituellen Zielen zur Unterstützung des allgemeinen Wohlbefindens eingesetzt. Viele Menschen halten Meditation jedoch immer noch für etwas Mystisches oder Religiöses. Dabei hat Meditation auch in der westlichen Tradition einen bedeutenden Stellenwert und erhält immer mehr an Bedeutung. Mit Hilfe dessen besitzen wir die Kraft, uns mit uns selbst in Verbindung zu bringen. Jeder kann meditieren – dies ist nur eine Frage der mentalen Einstellung und Stärke. Durch verschiedene Achtsamkeits- und Konzentrationsübungen kann der Gedankenstrom beruhigt und so ein inneres Gleichgewicht hergestellt werden. Ruhe, Ausgeglichenheit und Entspannung ist für viele Menschen in der heutigen Gesellschaft ein Fremdwort.

Durch die steigende Reizüberflutung und den täglichen Stress im Berufs- und Privatleben fällt es oftmals schwer, der Belastung zu entkommen und seine innere Mitte zu finden. Diesbezüglich kann Meditation dazu beitragen, sich zu entspannen, dem alltäglichen Stress zu entfliehen und sich auf bestimmte Dinge besser fokussieren zu können.

Darüber hinaus kann Meditation laut wissenschaftlichen Studien unterstützend bei der Behandlung von sowohl psychischen als auch physischen Krankheiten wie beispielsweise Depressionen, Bluthochdruck oder Migräne helfen. Da psychische Krankheiten meist Ursprung von physischen Krankheiten sind, dient die Meditation auch zur Vorbeugung dessen.

Herkunft der Meditation

Die Herkunft der Meditationspraxis ist im Mittleren und Fernen Osten zu suchen. Da diese Praxis schon seit tausenden von Jahren Einzug in das tägliche Leben der Menschheit erhalten hat, ist eine genaue Herkunft nur sehr schwierig zu bestimmen. Dennoch kann gesagt werden, dass zusammen mit der Religion des Hinduismus die Meditation in Indien begründet und entwickelt wurde.

Über religiöse Meister vollzog sich in der Folgezeit die Verbreitung der religiösen Lehren und Techniken auch in anderen Ländern und ist heute in verschiedenen Abwandlungen, jedoch mit sehr ähnlichen Aspekten, weltweit wiederzufinden. In Japan beispielsweise entwickelte sich die Meditationskunst unter dem Namen Zen weiter. In China hingegen wird die Technik als Chan bezeichnet. Beide ähneln sich sehr stark und haben daher vermutlich denselben Ursprung.

Übte man früher die Meditationspraxis ausschließlich in Klöstern und Tempeln aus, so ist sie heute in den westlichen Ländern vom religiösen und spirituellen Hintergrund losgelöst und bei sehr vielen Menschen als bewährte Methode zur Entspannung beliebt.

Zusammenfassung Kapitel:

• Meditation bedeutet wortwörtlich aus dem Lateinischen übersetzt „nachdenken, nachsinnen, überlegen“

• Die Anwendung der Meditation kann zu mehr Ruhe, Ausgeglichenheit und Achtsamkeit führen

• Meditation dient laut wissenschaftlichen Studien auch zur Vorbeugung und Heilung von psychischen und physischen Krankheiten

• Meditation stammt ursprünglich aus dem Mittleren und Fernen Osten und ist bis heute auch in die westlichen Ländern vorgedrungen, um hierbei positive Effekte auf Körper, Geist und Seele zu erzielen

• In den westlichen Ländern wird es jedoch völlig losgelöst von jeglichen religiösen und spirituellen Hintergründen verstanden und angewandt

Kapitel 2

Aktive und passive Meditation

2

Aktive und passive Meditation

„Meditationspraxis muss immer ein Akt der Freiheit sein – ohne Erwartung, ohne ein bestimmtes Vorhaben oder Ziel!“

- Chögyam Trungpa -

Bei der Meditation kann man die sehr vielfältigen Meditationstechniken zunächst nach ihrer traditionellen, religiösen Herkunft unterscheiden. Es gibt dahingehend viele verschiedene Techniken im Buddhismus, Hinduismus oder auch Christentum, die sich stark voneinander abheben. All diese Meditationstechniken lassen sich grob in zwei verschiedene Gruppen unterteilen, welche nachfolgend kurz erläutert werden. Dies soll zum besseren Verständnis für die weiteren Kapitel dienen.

Aktive Meditation

Die aktive Meditation beinhaltet meditative Übungen, die von dem indischen Weisheitslehrer Osho für die moderne Gesellschaft entwickelt wurde und heute den Einzug in viele Programme zur Stressbewältigung erhalten haben. Da das stille Sitzen bei der Meditation gerade Anfängern sehr schwierig fällt, versuchte Osho die Meditation mit einer beliebigen Aktivität zu verbinden. Diese Form des Meditierens besteht generell aus mehreren Phasen, bei dem der Körper als Instrument genutzt wird und aus einer Aktivität in eine stille Phase abgleitet.

Die Aktivität kann beispielsweise Tanzen, Joggen, Hüpfen oder eine nach Wahl des Meditierenden ausgesuchte Bewegung sein. In dieser Phase fällt es dem Körper einfacher, den aufgenommenen Ballast, Anspannungen und Konditionierungen des Alltags abzuschütteln, um somit den Zugang zu Stille, Achtsamkeit und Entspannung vereinfacht zu finden.

Dies hilft dabei, den Energiehaushalt des Menschen in Einklang zu bringen und schneller und effektiver einen meditativen Zustand zu erreichen. Jedoch ist eine aktive Meditation nicht für jede Person geeignet, da sich der Übergang von der Aktivität in eine Ruhephase für viele schwierig gestaltet. Die jeweilige Art der Meditation sollte hierbei zu Beginn getestet und je nach Wohlbefinden weiter verfolgt werden. Findet der Zugang zur Ruhephase und Entspannung einfacher statt, so stellt die aktive Meditation die richtige Wahl dar.

Passive Meditation

Anders als bei der aktiven wird die passive Meditation im stillen Sitzen praktiziert. Dies ist wohl die bekannteste und weit verbreitetste Art zu meditieren. In vielen Abbildungen ist meistens eine Person im Lotus- oder Schneidersitz zu erkennen, welche die passive Meditation ausführt. Daher wird Meditation auch meist nur mit dieser Gruppe von Meditationstechniken in Verbindung gebracht.

Das Prinzip hierbei ist das Fließen lassen körperlicher und geistiger Empfindungen, ohne dabei bewusst in die Prozesse einzugreifen. Das wesentliche Ziel besteht darin, sich von jeglichen Gedanken an die Vergangenheit oder Zukunft zu lösen, um das Bewusstsein ins Hier und Jetzt zu kehren. Hierbei wird über einen längeren Zeitraum die volle Aufmerksamkeit sehr fokussiert auf etwas Bestimmtes wie beispielsweise den Atem oder die Klänge einer Meditationsmusik gerichtet.

Wird dieser Fokus erreicht, ohne den Gedanken an alltägliche Probleme, Sorgen oder weitere Dinge zu verlieren, so lässt nach einiger Zeit der Gedankenstrom nach und das Bewusstsein taucht unter die Gedankenschicht hinab, um so in einen Bewusstseinszustand vollkommener Ruhe einzutauchen. Mit fortschreitender Übung kann immer tiefer in Stille und Leere, einem Zustand der Entspannung und erhöhter Achtsamkeit eingedrungen werden.

Zusammenfassung Kapitel:

- Alle Meditationstechniken kann man generell in eine aktive und passive Gruppe einteilen
- Die passive Meditation wird durch stilles Sitzen praktiziert, bei dem der Fokus auf etwas Bestimmtes gerichtet wird, um sich somit von alltäglichen Gedanken zu lösen
- Die aktive Meditation wird durch eine bestimmte Aktivität ergänzt, um somit einfacher in die Phase der Entspannung zu gleiten
- Die richtige Methode der Meditation ist von Person zu Person verschieden, diese kann getestet und je nach Wohlbefinden in den Alltag integriert werden

Kapitel 3

Die Effekte der Meditation

3

Die Effekte der Meditation

„Meditation ordnet die Gedanken und verleiht mehr Gelassenheit!"

- Franz Schmidberger -

Schon seit vielen Generationen wissen die Menschen in den verschiedensten Kulturkreisen die positiven Effekte der Meditation zu schätzen. Was zu Beginn noch zur reinen Entspannung eingesetzt wurde, hat sich im Laufe der Zeit als hoch wirksames Mittel für ein physisches und zugleich psychisches Wohlbefinden herausgestellt. Durch dieses Wohlbefinden ist es möglich, ein inneres Gleichgewicht zu erzeugen. Da die psychische und physische Gesundheit des Menschen eng miteinander gekoppelt ist, besitzen die positiven Auswirkungen einer regelmäßigen Meditation eine enorme Wirkkraft.

Nicht selten sind seelische Beschwerden der Auslöser einer Krankheit. So kann beispielsweise eine erhöhte Stressanfälligkeit oder eine innere Unruhe negative Auswirkungen auf den Blutdruck oder das Immunsystem ausüben. Durch dies können wiederrum weitere Krankheiten entstehen. Über verschiedene wissenschaftliche Studien ließen sich verschiedene Effekte der Meditation untersuchen.

Daraus zeigt sich, dass es durch Meditation durchaus möglich ist, auf neurobiologische Vorgänge in unserem Körper Einfluss zu nehmen und dadurch die Gehirnaktivität und Gehirnstruktur positiv zu beeinflussen. Die nachgewiesenen Effekte durch verschiedene wissenschaftliche Studien möchte ich nun kurz im Folgenden darstellen.

Effekte auf das psychische Wohlbefinden

Positive Auswirkungen auf die Kreativität

Eine regelmäßige Meditation kann dabei behilflich sein, die Kreativität sowohl im beruflichen, als auch im privaten Leben zu verbessern und bislang verborgene Potentiale zu entdecken. Kreativität bedeutet in diesem Zusammenhang Neuartiges zu schaffen, das bislang noch nicht vorhanden ist. Nicht nur neue, innovative Ideen erfordern ein hohes Maß an Kreativität, sondern auch viele Problemlösungsansätze in unserem Alltag sind hiermit stark verbunden. Häufig wird jedoch in der Gesellschaft unser Gehirn zu stark durch andere Dinge frequentiert und belastet, sodass die Kreativität darunter leidet und wir den wesentlichen Blick für neue Ansätze und Ideen verlieren. Durch wissenschaftliche Studien konnte gezeigt werden, dass Meditation die Fokussierung erhöhen und somit die Kreativität steigert. Menschen, die meditieren, finden nachweisbar kreativere Lösungen und verbessern unter anderem die Fähigkeit, Probleme intelligent lösen zu können.

Erhöhung der Konzentration

Durch die immer stärker werdende Reizüberflutung in der heutigen Gesellschaft durch äußere Faktoren wie beispielsweise das Smartphone, der hohe Konsum von Massenmedien oder eine starke Arbeitsbelastung vermindert sich unser Fokus auf die Dinge, die wir eigentlich tun wollen. Wir sind immer mehr abgelenkt, unsere Konzentration lässt immer mehr nach und ein produktives Arbeiten gestaltet sich zunehmend schwieriger. Mittels Multitasking verschwenden wir nicht nur unsere kostbare Energie sondern auch unser wertvolles Potential. Denn durch die Fokussierung auf eine zu große Anzahl komplexer Aufgaben leidet unsere Konzentration erheblich. Daher ist es wichtig die Aufmerksamkeit auf eine Sache zu richten und so unsere kognitiven Fähigkeiten sinnvoll zu nutzen. Genau dies wird durch eine regelmäßige Meditation trainiert – die bewusste Ausrichtung unseres Fokus. Studien der Hirnforschung haben gezeigt, dass dadurch der Bereich unseres Gehirns wächst, welcher für Gedächtnis und Lernprozesse verantwortlich ist. Aufgrund dessen ist es uns möglich, die Gehirnleistung zu verbessern und so unsere Konzentration zu steigern.

Verlangsamung des Alterungsprozesses

Der Alterungsprozess lässt nicht nur das äußerliche Erscheinungsbild leiden, sondern vermindert zunehmend auch unsere kognitive Leistungsfähigkeit. Mit fortschreitendem Alter beginnt sich die Dichte der Gehirnmasse im präfrontalen Cortex rückläufig zu entwickeln. Doch mit Hilfe der Meditation ist es möglich, den Alterungsprozess im Gehirn zu verlangsamen und dadurch geistig fit und aktiv zu bleiben. Die sogenannte graue Substanz in unserem Gehirn korreliert mit der Intelligenz und Gedächtnisleistung. Diese

Substanz nimmt mit zunehmendem Alter ab. Jedoch konnten Wissenschaftler der *University of California* in einer Studie den Zusammenhang zwischen Meditation und dem Schutz der grauen Substanz aufzeigen. Über eine regelmäßige Meditation lassen sich, laut dieser Studie, der Abbau dieser Substanz und der Alterungsprozess verlangsamen.

Kontrolle der eigenen Emotionen und positives Denken

Unser Gehirn verarbeitet täglich eine hohe Anzahl an Informationen und Sinneseindrücken. Die Verarbeitung und Bewertung dessen ist für die Kontrolle unserer Emotionen und ein positives Denken von entscheidender Bedeutung. Belegt durch wissenschaftliche Studien gehen eine optimistische Einstellung und glückliche, positive Gefühle auf einen aktiveren linken Frontalcortex zurück. Dieses Hirnareal ist für die Regulierung von Gefühlen verantwortlich und sorgt somit für ein emotionales Gleichgewicht. Während die Amygdala für die emotionale Bewertung von Erlebnissen zuständig ist, reguliert der Hippocampus die emotionalen Reaktionen. Gerade bei Personen mit regelmäßiger Meditationspraxis ist der Bereich der Amygdala nicht besonders aktiv, wodurch Konflikte und Probleme weniger irrational wahrgenommen werden als bei Menschen ohne Meditation. Eine regelmäßige Meditation sorgt somit nach und nach für eine bessere Kontrolle der Emotionen und verstärkt zugleich ein positiveres Denken.

Höhere Stressresistenz und Gelassenheit

Durch eine steigende Reizüberflutung und das Ausfüllen des Alltags durch berufliche und private Termine erhöht sich der Stresspegel in der heutigen Gesellschaft überproportional. Die Ansprüche und

Erwartungen, die an uns gestellt werden und welche wir teilweise auch an uns selbst stellen, sind kaum noch zu erfüllen. Laut einer Studie leiden sechs von zehn Personen in Deutschland unter Dauerstress. Zwar ist Stress über kurze Zeit etwas Positives, um Leistungen auf höchstem Niveau zu erbringen. Wird dies jedoch zum Dauerzustand, kann es schnell sehr gefährlich werden. Die Folgen reichen von psychischen über physische Krankheiten. In Stresssituationen schüttet der Körper das Hormon Cortisol aus, welches ein überlebenswichtiger Mechanismus ist. Dadurch beginnt das Herz rascher zu schlagen, wir atmen schneller und die Muskeln spannen sich an. Dies war ein lebenswichtiges Instrument für Steinzeitjäger, die so ihre Leistungsbereitschaft zum Kämpfen oder Fliehen erhöht haben. Bei der Meditation wird genau diesem Mechanismus entgegengewirkt. Die Muskeln entspannen sich, die Atmung verlangsamt sich und der Herzschlag kehrt zurück auf sein normales Niveau. Bei regelmäßiger Meditation wird dies zudem nicht nur während der Meditation erreicht, sondern auch im Alltag. Die Produktion des Hormons Cortisol wird gesenkt und dadurch eine höhere Stressresistenz gebildet. Dies führt wiederrum zu mehr Gelassenheit und einem glücklicherem Leben.

Verbesserung der Schlafqualität

Zur Erreichung der täglichen Ziele, das Abrufen einer hohen Leistungsbereitschaft im Alltag und unser allgemeines Wohlbefinden ist es essentiell, ausreichend Schlaf genießen zu können. Laut verschiedenen Statistiken verbringt jeder Mensch in etwa 24 Jahre seines Lebens damit, die Regeneration und Selbstheilung durch den Schlaf voranzutreiben. Umso wichtiger ist es, die Schlafqualität auf das Maximum zu heben, um somit alle notwendigen regenerations- und kraftschöpfenden Vorgänge einzuleiten. Dauerhafter Schlafmangel bringt nicht nur Körper und Geist aus dem Gleichgewicht, sondern gefährdet auch die Gesundheit des menschlichen Körpers. Neben Konzentrations- und Lernstörungen kann dies ebenso das Risiko von Diabetes, Bluthochdruck, Fettleibigkeit oder Stoffwechselstörungen erhöhen. Stress, Sorgen oder Ängste in unseren Gedanken können Schlafstörungen erheblich fördern. Durch die Meditationspraxis wird diesen Gedanken entgegengewirkt. Durch den Fokus auf den gegenwärtigen Augenblick und die Beruhigung des Nervensystems wurde wissenschaftlich nachgewiesen, dass Meditation eine signifikante Verbesserung der Schlafqualität zur Folge hat.

Senkung des Blutdrucks

Ein hoher Blutdruck kann in vielen Fällen eine Folge von zu hohem Stress sein. Da der Körper und der Geist eine Einheit bilden, können psychische Krankheiten sehr schnell zu physischen Krankheiten übergehen. Dies kann sich durch einen hohen Blutdruck, auch Hypertonie genannt, äußern. Wie schon beschrieben, hilft Meditation dabei, die Produktion des Stresshormons Cortisol zu verringern. Folglich erhöht sich die Stressresistenz, was sich wiederrum positiv auf den Blutdruck auswirken kann. Verschiedene wissenschaftliche Studien haben die positiven Effekte der Meditation auf die biochemischen Vorgänge in unserem Körper bestätigt. Daher ist es möglich, durch Meditation das innere Gleichgewicht zu finden und den Stressabbau deutlich zu beschleunigen. So können die Selbstheilungskräfte ihre volle Entfaltung zeigen und sich der Blutdruck, falls durch Stress bedingt, normalisieren.

Stärkung des Immunsystems

Personen, die täglich einen hohen Stresspegel besitzen, sind vermehrt anfällig für verschiedene Krankheiten und besitzen daraus folgend ein schwächeres Immunsystem. Dies konnte in zahlreichen wissenschaftlichen Studien nachgewiesen werden. Zudem lies sich feststellen, dass sich die Entzündungsreaktionen reduziert und die Anzahl der Killerzellen für ein stärkeres Immunsystem erhöht haben. Bei Meditierenden, welche schon mit der Meditationspraxis vertraut waren, fand man verstärkt Abläufe, welche für eine antivirale Aktivität charakteristisch sind. Durch regelmäßiges Meditieren wird somit nicht nur der Stresspegel gesenkt, sondern auch das Immunsystem gestärkt.

Senkung des Cholesterinspiegels

Ein hoher Cholesterinspiegel kann nicht nur die Folge einer ungesunden Ernährung bedingt durch eine zu hohe Menge an gesättigten Fettsäuren oder einem Vitamin-C Mangel sein. Ebenso kann dies, wie in verschiedenen Studien wissenschaftlich belegt, durch einen dauerhaft hohen Stresspegel verursacht werden. Die

Folgen eines über einen längeren Zeitraum anhaltenden hohen Cholesterinspiegels reichen von Herz-Kreislauf-Erkrankungen bis hin zu Diabetes. Durch die verursachte Arterienverkalkung verengen sich die Gefäße und es kann weniger Blut und somit weniger Sauerstoff zu den Zellen und Organen transportiert werden. Eine Studie hat gezeigt, dass durch eine regelmäßige Ausübung der Meditation der Cholesterinspiegel nach einem Jahr um bis zu 30 mg/dl gesenkt werden kann. Ein solcher Wert konnte teilweise nicht einmal mit Medikamenten erreicht werden. Eine Kombination aus einer gesunden Ernährung und einer regelmäßig ausgeführten Meditation kann daher Herz-Kreislauf-Erkrankungen und Arteriosklerose langfristig vorbeugen.

Natürliches Hilfsmittel gegen Migräne

Bekannte Ursachen für Migräne sind Stress oder auch Schlafmangel, welche bei einer unregelmäßigen Lebensweise auftreten können. Es handelt sich dabei um eine neurologische Erkrankung, welche die Lebensqualität der betroffenen Personen drastisch einschränken kann. In Deutschland sind hiervon etwa zehn bis zwölf Prozent der Bevölkerung betroffen. Über unterschiedliche Studien konnte gezeigt werden, dass eine regelmäßige Meditation nicht nur die Häufigkeit, sondern auch die Intensität von Migräneattacken positiv beeinflussen kann. Überraschenderweise wurde sogar festgestellt, dass die Meditationspraxis solche Attacken effektiver vorbeugen kann als normale Medikamente. In einer Studie reduzierte sich die Anzahl dieser Attacken um 1,4 pro Monat. Zudem war die Dauer deren wesentlich kürzer. Somit stellt eine regelmäßig ausgeführte Meditation ein äußert effektives und natürliches Hilfsmittel gegen Migräneattacken dar.

Zusammenfassung Kapitel:

• Die meisten nachgewiesenen Effekte lassen sich auf eine Stressreduzierung zurückführen

• Mittels einer regelmäßigen Meditation wird die Produktion des Stresshormons Cortisol eingeschränkt und eine gewisse Stressresistenz aufgebaut

• Durch eine Verbesserung des psychischen Zustandes kann folglich auch eine positive Beeinflussung des physischen Zustandes eintreten

• Mit dem Verstärken unserer positiven Gedanken können wir gelassener durch das Leben spazieren und es somit vermehrt genießen

Teil 2
Meditationstechniken und die Schritt-für-Schritt Anleitung

Kapitel 4

Passive Meditationstechniken

4

assive Meditationstechniken

„W… still meditiere, erfahre ich die Güte des Lebens!“

- Sri Chinmoy -

In diesem Kapitel möchte ich dir die besten Meditationstechniken näherbringen. Wie bereits zuvor schon erklärt, lassen sich diese Techniken in die passive und aktive Meditation einteilen. Die genaue Funktionsweise, was man dabei beachten muss und wozu jede einzelne Technik gut ist, erfährst Du auf den folgenden Seiten.

Die Achtsamkeitsmeditation

In der heutigen Gesellschaft – meist getrieben durch Stress und Hektik - gewinnt die Achtsamkeitsmeditation, auch Vipassana genannt, immer mehr an Bedeutung. Besonders in den letzten Jahren ist daher die Publikationsrate von wissenschaftlichen Studien stark angestiegen. Dahingehend ließen sich signifikante Verbesserungen bezüglich des psychischen und physischen Wohlbefindens des menschlichen Körpers erkennen. Das Grundprinzip dieser Art der Meditation besteht in der bewussten Fokussierung auf bestimmte Dinge. Es soll ermöglicht werden, seinen Fokus zielgerichtet zu setzen und damit sein volles Potential ausnutzen zu können. Auf Grund dessen ist es möglich achtsamer durch das Leben zu gehen und mehr Lebensfreude zu erlangen. Achtsamkeit bedeutet vereinfacht gesagt den jetzigen Moment bewusst erleben. Es trainiert den Geist die eigenen Erfahrungen, Gefühle und Gedanken urteilsfrei wahrzunehmen und diese nicht zu bewerten. Richtest Du beispielsweise deine volle Konzentration auf das Ein- und Ausatmen, so atmest Du in diesem Augenblick achtsam ohne dies zu bewerten. Gehst Du gerade spazieren und deine Gedanken beschäftigen sich mit dem Gehen, so gehst Du bewusst und achtsam. Du erlebst den Moment im Hier und Jetzt. Bei der Achtsamkeitsmeditation meditiert man meistens im Sitzen oder im Liegen und richtet seine volle Aufmerksamkeit und seinen vollständigen Fokus meistens auf folgende Dinge:

- Gefühle
- Atmung, Haltung oder Körperteile
- Umgebung

Eine mögliche Form der Achtsamkeitsmeditation besteht in der Fokussierung auf den eigenen Körper. Hierbei können die Atmung, Haltung oder verschiedene Körperteile bewusst wahrgenommen werden. Hinsichtlich dessen geht es darum eine Verbindung mit dem Körper herzustellen und ganz Du selbst zu sein. Außerdem ist es möglich die Aufmerksamkeit auf bestimmte Dinge in der näheren Umgebung zu richten. Welche Geräusche können wahrgenommen werden? Welche Gerüche lassen sich aufnehmen? Wie ist die Temperatur im Raum, in dem Du dich gerade befindest? Es gibt zahlreiche Möglichkeiten den Fokus auf die Umgebung zu richten und diese achtsam zu erleben. Dadurch lernst Du dich selbst, deinen Körper und deine Umgebung mehr zu schätzen und entwickelst ein enormes Verständnis hierfür. Es gibt viele verschiedene Formen der Achtsamkeitsmeditation, welche ausgeführt werden können. Daher möchte ich auf die wichtigsten drei Methoden im Folgenden eingehen.

Das eigene Wohlbefinden

Im heutigen Alltag werden durch die stetig steigenden Anforderungen – sowohl privat als auch beruflich – an uns selbst die eigenen Bedürfnisse oftmals zurückgestellt. Eine steile Karriere oder die Erfüllung der Erwartungen anderer können unsere Bedürfnisse schnell in den Hintergrund rücken. Durch den Stress und die Hektik des täglichen Lebens vergisst man schnell, wie es um das eigene Wohlbefinden steht und welche Gefühle man zum Ausdruck bringen möchte. Doch dies birgt eine erhebliche Gefahr. Die Kraft, welche wir zur Unterdrückung der eigenen Gefühle aufwenden, fehlt uns schließlich an einer anderen Stelle. Auf lange Sicht betrachtet wirken sich unterdrückte Gefühle negativ auf unser Immunsystem und unsere Gesundheit aus. Daher ist es enorm wichtig sich selbst die

Frage zu stellen, wie es mir eigentlich geht. Welche Gefühle treten in dir im Augenblick auf? Welche Emotionen fühlst Du? Wie ist deine aktuelle Stimmungslage? Vielleicht ärgerst Du dich über irgendetwas oder bist auf Grund einer bestimmten Sache traurig? Gab es allgemein gesprochen am heutigen Tag eine Situation, welche ein negatives Gefühl ausgelöst hat und Du es nicht zulassen konntest?

Versuche deine Gefühle konkret zu definieren und anschließend zuzulassen, so wie sie sind. Versuche deine Gefühle wahrzunehmen ohne diese in irgendeiner Form zu bewerten oder darauf zu reagieren. So ist es möglich größeren Abstand zu dem zu gewinnen, was in uns vorgeht, die Identifikation mit dem Gefühl zu lösen und das Gefühl als Information über uns selbst zu nutzen. Je besser Du die Gefühle annehmen kannst, desto weniger wird der eigene Körper belastet und desto besser wirst Du dich fühlen.

Achtsames Atmen

Bei dieser Methode der Achtsamkeitsmeditation geht es vor allem um deine Atmung. Dein Fokus richtet sich demnach einzig und alleine auf das Ein- und Ausatmen, um somit eine stressreduzierende Wirkung auf deinen Körper zu erhalten. In vielen Stresssituationen verhinderst Du damit einen Reflex der Kurzatmigkeit, welcher sich wiederrum negativ auf das psychische Wohlbefinden auswirken würde. Dies stellt ein sehr effektives und wirksames Mittel zur Integration der Achtsamkeit im Leben dar. Durch das stille Wahrnehmen des Atems lenkst Du den Geist von negativen Gedanken und Gefühlen wie Angst, Sorge oder Ärger ab. Unser Gehirn kann nicht gleichzeitig den Fokus auf unsere Atmung und auf andere Dinge legen. Dabei können der Geist und der Körper erheblich entspannen.

Richte deine Konzentration dazu auf deine Atmung. Versuche diese weder zu kontrollieren noch zu Beginn in irgendeiner Art und Weise zu verändern. Nimm die Atmung so zur Kenntnis, wie diese gerade durch dein Unterbewusstsein gesteuert wird. Achte jedoch auf die Stelle in deinem Körper, an welcher Du den Atem am meisten spürst. Dies kann beispielsweise die Stelle sein, die sich durch das Einatmen anhebt. Versuche die Luft, die deinem Körper durch die Nase zu- und abfließt zu spüren. Stelle dir vor, dass diese Luft aus winzig kleinen Teilchen besteht, die in deinen Körper fließen, diesem Energie verleihen und anschließend wieder ausströmen. Deine Aufmerksamkeit ist somit voll und ganz auf deine Atmung gerichtet. Zudem können kleine Variationen der Wahrnehmung eingebaut werden, indem die Atmung für einen kurzen Augenblick verändert wird. Du kannst dabei beispielsweise die Atmung kurzzeitig anhalten. Hierbei wird sich dein Fokus nochmal um einiges erhöhen.

Der Body-Scan

Der Body-Scan bezeichnet das mentale Abtasten des eigenen Körpers. Hierbei wird, wie der Name schon vermuten lässt, die Aufmerksamkeit auf verschiedene Regionen des Körpers gerichtet. Nach und nach wandert der Fokus langsam durch den gesamten Körper, um damit das eigene Körperbewusstsein zu stärken. Diese Methode der Achtsamkeitsmeditation stellt eine sehr effektive Übung zur Vertiefung der Beziehung von Körper und Geist dar. Auch hier geht es wieder darum die komplette Wahrnehmung urteilsfrei hinzunehmen – unabhängig davon, ob wir das Wahrgenommene als gut oder schlecht beurteilen. Wir avancieren also zum stillen Beobachter.

Achte zunächst darauf, dass Du bequem sitzt oder liegst. Beginne nun tief ein- und auszuatmen und anschließend deinen Fokus auf deine Füße zu richten. Fühle beispielsweise, an welchen Stellen deine Füße den Boden berühren. Versuche deine Zehen, deine Fußsohle oder auch deine Ferse bewusst wahrzunehmen. Anschließend wanderst Du solange mit deiner Aufmerksamkeit weiter zum nächsten Bereich deines Körpers, bis Du beim Kopf angelangt bist. So schenkst Du jedem Körperteil deine volle Aufmerksamkeit und kannst die Beziehung zwischen Körper und Geist verbessern.

Die Achtsamkeitsmeditation ist eine Form der Bewusstseinsentwicklung für verschiedene Dinge. Dies kann sich auf unterschiedliche Art und Weise positiv auswirken. Folgende Vorteile können sich beispielsweise einstellen:

- Linderung und Heilung verschiedener psychischer Krankheiten
- Erzeugung von Energie und Vitalität im Körper
- Anregung biologischer Prozesse im Körper
- Förderung der Gesundheit
- Herstellung eines emotionalen und seelischen Gleichgewichts
- Sich in Geduld mit anderen Menschen üben
- Mitgefühl gegenüber anderen Personen entwickeln
- Das Leben bewusster und glücklicher erleben

Die Ruhemeditation

Die Ruhemeditation – auch stille Meditation genannt – wird in körperlicher Ruhe und traditionell im Lotussitz mit gekreuzten Beinen praktiziert. Da diese Sitzposition für Anfänger meist jedoch sehr schwierig durchzuführen ist, kann auch ein normales Meditationskissen verwendet oder theoretisch diese Methode auch in flacher Rückenlage ausgeübt werden. Die flache Rückenlage führt aber aus Gewohnheit meist eher zum Schlaf als zur wachen Aufmerksamkeit. Daher ist die Sitzposition mit einem Meditationskissen oder der Lotussitz zu bevorzugen, um einen absolut klaren, wachen und aufmerksamen Bewusstseinszustand einzustellen. Ganz nach dem Sprichwort „In der Ruhe liegt die Kraft" liegt der Fokus bei dieser Methode darin, Ruhe in den Geist zu bringen und somit den hektischen Gedankenfluss zu beruhigen. Dabei ähnelt die Ruhemeditation der Praxis der Achtsamkeitsmeditation, jedoch geht es bei der Ruhemeditation in erster Linie darum, die gedankliche Aktivität zu reduzieren. Im Alltag ist es häufig so, dass wir von einem Gedanken zum nächsten springen und extrem vertieft in unserer Gedankenwelt sind, sodass wir das Leben nicht bewusst erleben. Um diesen Gedankenreisen für einen Moment zu entweichen, kann die Methode der Ruhemeditation sehr nützlich und hilfreich sein. Die Erkenntnisse und Gelassenheit, welche sich durch diese Meditationsform nach einer Zeit einstellen, gehen nach längerer Meditationspraxis in den Alltag über. Die Folge daraus kann Entspannung, Gelassenheit und ein bewussteres Leben sein.

Um den Gedankenfluss mit der oben erwähnten Meditationspraxis abzustellen, können unterschiedliche Übungen und Methode herangezogen werden. Die beliebteste und am weit verbreitetste

Methode ist das Loslassen der Gedankenwelt kombiniert mit der Atmung. Beim Einatmen stellt man sich zunächst vor, die Stille und Leere aus dem Raum um sich herum in sich aufzunehmen. Anschließend wird durch das Ausatmen die ganze Gedankenwelt, alle Sorgen und negativen Ereignisse der vergangenen Zeit aus dem Körper befördert. Sobald dich ein Gedanke nicht loslässt, versuchst Du diesen durch das Ausatmen loszulassen und dich wieder auf die Gedankenleere zu fokussieren. Versuche den Gedanken förmlich aus dir zu atmen. Dies mag sich gerade zu Beginn schwierig gestalten, da das Gehirn mit der Gedankenflut gekoppelt ist. Nach und nach kommt man der Gedankenlosigkeit jedoch immer näher.

Die Ruhemediation kann sich auf die mentale und physische Gesundheit enorm auswirken. Hier können beispielsweise folgende Punkte erreicht werden.

• Überflüssige und unkontrollierte Gedanken loswerden

• Mit einem klaren Geist in den Tag gehen

• Zur inneren Mitte finden

• Beruhigung des Nervensystems

• Auflösen von Blockaden und Fließen lassen der Energie durch den ganzen Körper

• Tiefgründige Einsichten ins Leben erlangen

• Reduktion von psychischen Stress

Die Konzentrationsmeditation

Bei dieser Methode der Meditation, welche auch Samatha- oder Geistesruhe-Meditation genannt wird, übt sich der Meditierende in der Fokussierung auf ein ganz bestimmtes Meditationsobjekt. Dieses kann beispielsweise ein imaginäres Bild, ein konkreter Gedanke, bestimmte Töne, der Atem, die Flamme einer Kerze oder auch weitere beliebige äußere oder innere Konzentrationsobjekte sein. Durch die Betrachtung eines einzigen Objektes wird die unendliche Gedankenflut gestoppt und eine geistige und mentale Gemütsruhe erreicht. Diese Form der Meditation ist eine sehr beliebte und ist ebenfalls ähnlich zur Achtsamkeitsmeditation. Der Unterschied liegt darin, dass bei der Achtsamkeitsmeditation die vollkommene Achtsamkeit für die emotionalen, geistigen und körperlichen Phänomene im gegenwärtigen Augenblick im Vordergrund steht. Das bedeutet, dass der jetzige Moment bewusst erlebt wird. Bei der Konzentrationsmeditation liegt der Fokus jedoch nur auf der reinen Konzentration, unabhängig vom achtsamen Erleben des jetzigen Augenblicks. Das Ziel dabei ist die Schulung und das Trainieren der Konzentrationsfähigkeit des Geistes. Eine essentiell wichtige Voraussetzung für diese Form der Meditation ist die Entspannung des Meditierenden. Besonders Anfänger sollten sich hier in einen Raum vollkommener Ruhe zurückziehen, an welchem sie sich wohlfühlen. Dabei wird bereits der Gedankenfluss auf ein Minimum reduziert.

Zu Beginn wird der Geist durch viele äußere und innere Störfaktoren wie beispielsweise Geräusche, Gedanken und Gefühle abgelenkt. Das ist zu Beginn ganz normal, da die Konzentrationsfähigkeit noch nicht sehr ausgeprägt ist und das Gehirn sich den alltäglichen Gedankenfluss eingeprägt hat. Durch die Konzentrationsmeditation soll dies eben trainiert werden. Sei also gerade zu Beginn sehr geduldig und richte deine Konzentration nach einer Ablenkung wieder bewusst auf das Meditationsobjekt. Dies kann auch stark von der Gemütslage abhängig sein.

Durch die Konzentrationsmeditation kannst Du verschiedene positive Effekte erzielen, wie beispielsweise

- Entwicklung eines verbesserten Konzentrationsvermögens
- Erlangung einer inneren Gelassenheit und Ruhe im Alltag
- Entwicklung der Fähigkeit mit Stresssituationen gut umzugehen

Kapitel 5

Aktive Meditationstechniken

5
Aktive Meditationstechniken

„Verbringe jeden Tag einige Zeit mit dir selbst!"

- Dalai Lama -

Die dynamische Meditation

Die dynamische Meditation ist eine sehr aktive Meditationstechnik, in der die körperliche Aktivität eine zentrale Rolle spielt. Diese Form der Meditation geht auf den indischen Philosophen und Begründer der Sannyas-Bewegung Osho zurück. Sie stellt eine Mischung aus aktiver und passiver Form dar, wobei - wie oben beschrieben - der körperlich aktive Anteil deutlich überwiegt. Diese Meditationstechnik ist generell in fünf verschiedene Phasen unterteilt, wobei die Augen während der Meditationspraxis immer geschlossen bleiben. Sie soll dabei helfen, Spannungen abzubauen und tief verankerte Gefühle und Emotionen in uns zum Ausdruck zu bringen.

1. Phase: Das Aufladen

In der ersten Phase geht es in erster Linie um das Aufladen. Praktisch angewandt wird hier zehn Minuten lang tief und chaotisch durch die Nase ein- und ausgeatmet, ohne dabei einem bestimmten Rhythmus zu folgen. Dies soll dabei helfen, das Ganze bewusst durchzuführen. Durch die ständig wechselnden Atemmuster sollen Gefühle, die im Unterbewusstsein gespeichert sind, angesprochen werden und so an die Oberfläche getragen werden.

2. Phase: Die Katharsis

In dieser Phase soll der Meditierende dazu gebracht werden, förmlich zu explodieren. Er soll alles aus sich herauslassen, was sich im Unterbewusstsein angesammelt hat. Gefühle und Emotionen sollen zehn Minuten freien Lauf gelassen werden. Dies kann beispielsweise durch hüpfen, schreien, schütteln, tanzen, singen, lachen, in ein Kissen schlagen oder einfach nur herumtoben praktiziert werden. Durch diese Aktivität soll das Aufladen aus Phase eins aufgefangen werden. Das mag sich zu Beginn vielleicht ein wenig komisch anfühlen, aber Du wirst sehen, dass es dir danach wesentlich besser geht und Du dich um einiges leichter fühlen wirst.

3. Phase: Die Lebensenergie erwecken

In der dritten Phase soll deine Lebensenergie neu erweckt werden, da die alten Gefühle und Emotionen nun aus deinem Körper geflossen sind. Die Idee besteht darin, die Aufmerksamkeit vom Kopf hinweg zu lenken. Dies geschieht durch zehnminütiges Auf- und Abhüpfen. Die Arme sollen dabei nach oben ausgestreckt sein. Wichtig dabei ist, jedes Mal mit flachen Füßen auf dem Boden zu landen, sodass sich die Vibration des Aufpralls bis zur Basis der Wirbelsäule entfalten kann. Bei der Landung kann entweder ein lautes „Huh!“ oder ein lautes Ausatmen praktiziert werden.

4. Phase: Innere Ausbreitung

Nach der körperlichen Aktivität sind nun Körper und Geist bereit für die vierte Phase. In dieser wird das Auf- und Abhüpfen abrupt gestoppt und für 15 Minuten in kompletter Stille verharrt. Die Energie, verursacht durch Phase drei, soll sich nun im gesamten Körper ausbreiten.

5. Phase: Die Zelebration

Zum Abschluss wird in der fünften Phase die vollbrachte Meditation gefeiert, indem man tanzt. Dabei ist es möglich sich 15 Minuten lang ganz einfach frei und gelassen zu fühlen. Dies soll dabei helfen, aus der Meditation wieder zurück in den Alltag zu gelangen.

Die dynamische Meditation richtet sich vor allem auf unbewusste Gefühle und Emotionen und bietet vielerlei gesundheitliche Vorteile, wie zum Beispiel:

- Bewusstmachen von blockierten Gefühle und Emotionen
- Abbau von Aggressionen, Wut und Ärger
- Entwicklung von Glück und Lebensfreude

Eine weitere aktive Meditationsform stellt die Geh- und Bewegungsmeditation dar. Die einfachste, körperliche Aktivität, um den Fokus auf die Konzentration zu richten, ist wohl das Gehen. Dabei fließt die Energie durch den gesamten Körper und sorgt somit für eine Beruhigung des Geistes. Diese ist besonders dann empfehlenswert, wenn sich das Gefühl breit macht, von der passiven Meditation im Sitzen oder Liegen schnell träge zu werden. Auch bei dieser Meditationstechnik sind viele verschiedene Formen verbreitet. Grundsätzlich besteht jedoch diese Technik aus den Grundelementen Achtsamkeit, gehen, atmen und lächeln. Erst durch diese Elemente entfalten sich die positiven Effekte auf Körper und Geist.

Eine beliebte Form der Geh- und Bewegungsmeditation ist das Begehen einer vorher festgelegten Strecke. Durch das bewusste Gehen und die Konzentration auf die ausgeführten Schritte und die Atmung wird der Gedankenfluss beruhigt. Anders als im Alltag liegt der Fokus hierbei auf dem bewussten Gehen und nicht auf dem Ziel. Dazu wird eine bestimmte Strecke ausgewählt, die sich bestenfalls im Freien befindet. Dies lässt sich natürlich einfach im Alltag integrieren, indem der tägliche Arbeitsweg oder der Weg zum Bäcker für diese Meditation genutzt wird. Bevor Du startest, sollte jedoch deine ganze Aufmerksamkeit auf deinem Körpergefühl liegen. Deine Arme hängen locker neben dem Körper und dein Blick ist fokussiert nach vorne gerichtet. Du kannst zudem eine beliebige Meditationsmusik über dein Smartphone abspielen. Dadurch vermeidest Du während der Meditation abgelenkt zu werden. Gehe mit normaler Geschwindigkeit die vorher festgelegte Strecke entlang, bis Du am Ziel angekommen bist. Halte dort an und spüre deinen Körper und die ausgeführte Bewegung. Während des Gehens ist deine

Aufmerksamkeit auf deinen gesamten Körper oder auf einzelne Teile deines Körpers gerichtet, wie beispielsweise deine Füße. Sollten deine Gedanken oder dein Fokus abschweifen, versuche deine Aufmerksamkeit immer wieder zurück zu deinem Körper zu bringen. Wie fühlt sich die Bewegung an?

Es ist ebenso möglich das Schritttempo deiner aktuellen Stimmungslage anzupassen. Bist du wütend, kannst Du das Schritttempo erhöhen. Bist Du eher müde und träge, dann gehe eher langsamer. Auch kann es hilfreich sein am Ende der Strecke einmal tief durch zu atmen, um die angestauten Gefühle und Emotionen abzubauen. Dadurch können dein Körper und dein Geist in ihrem eigenen individuellen Rhythmus Ruhe finden.

Die Geh- und Bewegungsmeditation eignet sich besonders gut für Menschen, die in irgendeiner Form loslassen wollen. Sie bringt verschiedene Vorteile mit sich, wie zum Beispiel:

- Bessere physische Gesundheit erlangen
- Das Gefühl von Ruhe und Frieden in sich auslösen
- Sorgen und Stress loslassen
- Abbau von Ängsten und Sorgen

Yoga

Yoga ist eine weitere aktive Meditationstechnik, welche den Ansatz verfolgt, Körper, Geist und Seele in Einklang zu bringen. Es soll die Vorteile von Meditation und Sport gleichermaßen verbinden und somit eine innere Ruhe und Ausgeglichenheit erzeugen. In der modernen, westlichen Welt wird Yoga generell mit körperlicher Aktivität verbunden. Dabei gibt es eine Vielzahl von Yoga-Methoden und Richtungen, welche keine körperliche Aktivität beinhalten. Das Wort Yoga soll in diesem Buch aber mit der Idee der westlichen Welt verwendet werden. Diese Methoden werden bereits von vielen Krankenkassen angeboten und die Kosten für Yogakurse teilweise oder sogar ganz übernommen. Daher genießt Yoga eine sehr hohe Bekanntheit. Die wohl bekannteste Yoga-Form und die Basis aller körperlichen Yoga-Stile ist das Hatha Yoga. Es stammt ursprünglich aus Indien und soll den Körper fitter, gesünder und beweglicher machen. Als Asana bezeichnet man bei dieser Form der Meditation die körperliche Yoga-Haltung. Diese kann mit Atemtechniken in verschiedenen Kombinationen praktiziert werden. Mittels Hatha Yoga besteht die Möglichkeit, lokale Verspannungen zu lokalisieren und zu lösen. Durch die körperliche Aktivität kann zudem der Körper gedehnt und die Muskeln gestärkt werden. Im Folgenden möchte ich nun zwei Yoga-Übungen vorstellen, welche mit gewisser Übung in den Alltag integriert werden können.

1. Zunächst werden beide Hände auf den Brustkorb gelegt und anschließend ausgeatmet.
2. Beim Einatmen werden die Hände nach oben gestreckt, der Blick wandert nach oben, die Schultern werden nach hinten gezogen
3. Beim Ausatmen werden die Hände zum Boden geführt, bis diese den Boden letztendlich berühren
4. Beim Einatmen wird das linke Bein nach hinten gestreckt und der Fuß aufgesetzt. Das rechte Bein wird dabei gestreckt und der Oberkörper aufgerichtet
5. Nun wird kurz der Atem angehalten und das rechte Bein ebenso nach hinten gestreckt. Die Arme sind durchgestreckt
6. Beim Ausatmen berührt die Stirn den Boden
7. Beim nächsten Einatmen wird der Oberkörper angehoben
8. Beim Ausatmen wird das Becken angehoben, die Fersen auf den Boden gepresst
9. Beim Einatmen wird der rechte Fuß nach vorne gestreckt, die Arme vom Boden gelöst und nach hinten gestreckt
10. Beim Ausatmen wird auch der linke Fuß nach vorne gesteckt, die Arme berühren den Boden

Diese Übung kann nun beliebig oft wiederholt werden. Eine weitere Form dieser Übung kannst Du auf YouTube ansehen, indem Du nach „Yoga Übung Sonnengruß“ suchst.

2. Übung: Der Baum

1. Die Beine werden geschlossen aneinander gestellt.
2. Nun wird einige Male tief ein- und ausgeatmet
3. Die Arme werden seitlich ausgestreckt, das linke Bein angehoben und an die Innenseite des rechten Oberschenkels gelegt. Das Knie des angehobenen Beines wird so weit wie möglich nach außen gedreht
4. Die Arme werden nun leicht angewinkelt nach oben gestreckt, der Bauch wird angespannt
5. Diese Haltung für 10 Sekunden halten und mit dem anderen Bein beginnen

Der genaue Ablauf kann auch auf YouTube angesehen werden, wenn Du nach „Yoga Übung Baum“ suchst.

Das Praktizieren von Yoga kann sich positiv auf deine Gesundheit und deine Gelassenheit auswirken. Die Vorteile dieser Methode sind beispielsweise:

- Lebensenergie erlangen
- Die geistige Konzentration fördern
- Das eigene Körpergefühl schulen
- Verschiedene Muskeln trainieren
- Stressbedingte Beschwerden lindern

Tai-Chi

Tai-Chi ist eine beliebte Kampfkunst, die der chinesischen Kultur angehört und dem Yoga ziemlich ähnlich ist. Dennoch gibt es Unterschiede zwischen den beiden Meditationsformen. Mit langsamen Bewegungen übt man imaginäre Gegner abzuwehren. Es geht bei dieser Meditationsform vor allem darum, die Fähigkeit zu erlangen, schlechte Dinge, die dich im Leben „angreifen" abzuwehren. Bei den langsamen Bewegungen werden außerdem besonders die kleinen Muskelgruppen angeregt. Während Yoga sich also auf das Dehnen und Positionieren fokussiert, richtet sich Tai-Chi eher auf tänzerische Bewegungen.

Gesundheitliche Vorteile, die durch Tai-Chi möglich sind, sind beispielsweise:

- Mehr Beweglichkeit und Balance erlangen
- Rückenschmerzen lindern
- Den Blutdruck regulieren
- Alltagsstress regulieren
- Schlafprobleme beseitigen

Kapitel 6

Welche Technik ist die beste für mich?

6

Welche Technik ist die beste für mich?

„Existenz ist nur im gegenwärtigen Moment. Der Verstand ist niemals im gegenwärtigen Moment!"

- Osho -

Die Meditation kann bei richtiger Anwendung wahre Wunder bewirken und die vorher beschriebenen positiven Effekte auf Körper, Geist und Seele hervorrufen. Aber woher nun das Wissen, welche Meditationstechnik die beste für dich persönlich ist?

Die Antwort ist kurz und einfach, die richtige und beste Technik muss jeder für sich persönlich herausfinden. Manche Menschen mögen es gerne in Ruhe und Stille zu meditieren, wiederrum andere Menschen sind dabei gerne körperlich aktiv. Das Beste ist es für dich persönlich herauszufinden, welche Methode zu dir passt und zu Beginn mit vielen Techniken zu experimentieren. Probiere zu Beginn verschiedene Techniken für einige Tage aus und lege dich dann auf diejenige Technik fest, die dir Spaß macht und mit welcher Du dich wohlfühlst. Jede Person besitzt zudem andere Bedürfnisse und diese variieren zu verschiedenen Zeitpunkten. Dies bedeutet, dass jeder von uns in unterschiedlichen Lebenslagen andere Dinge benötigt, um sich zu stärken. Daher kann auch der Wechsel der Meditationstechnik manchmal sinnvoll sein. Manchmal wollen wir uns einfach entspannen und Energie sammeln. Zu einem anderen Zeitpunkt wollen wir ein tief in uns verankertes, emotionales Problem lösen oder unsere Gefühle regulieren. Sei deshalb geduldig mit dir und der Auswahl der Meditationstechnik. Nach einiger Zeit der Meditationspraxis wirst Du mehr und mehr über das Meditieren und über dich selbst lernen. Du wirst lernen, welche Technik dein Körper und dein Geist in bestimmten Situation benötigt.

Kapitel 7

Zeit und Dauer der Meditation

7

Zeit und Dauer der Meditation

„Alles, was wir sind, entsteht in unseren Gedanken. Mit unseren Gedanken erschaffen wir die Welt!"

- Buddha –

Wann ist die beste Zeit für eine Meditation?

Wann sich die beste Zeit für eine Meditation eignet ist eine stark umstrittene Frage. Manche Menschen mögen es morgens zu meditieren, um wach zu werden und fit in den Tag zu starten. Andere meditieren lieber abends vor dem Schlafengehen, um den Kopf frei zu bekommen und sich von dem Alltagsstress zu lösen. Zu welcher Tageszeit Du meditierst ist aber in Wirklichkeit weniger von Bedeutung. Denn der perfekte Zeitpunkt zum Meditieren existiert nicht. Wichtig ist, dass Du vermehrt auf deine innere Stimme hörst. Wenn es dir möglich ist, solltest Du dir immer dann ein wenig Freiraum schaffen und voll und ganz für dich da sein, wenn Du das Gefühl hast, eine Meditation zu benötigen. Sollte es dir zeitlich gerade nicht passen, dann kannst Du die Meditation einfach nachholen, sobald ein wenig mehr Zeit zur Verfügung steht. Versuche dir dennoch einen Tageszeitpunkt vorzumerken. So ist es dir möglich, eine gewisse Gewohnheit in deinem Alltag aufzubauen und somit die Meditation zu einem festen Bestandteil deines Lebens werden zu lassen.

Prinzipiell ist es ebenfalls nicht wichtig, wie lange eine Meditation dauert. Wichtig ist jedoch die Meditation regelmäßig durchzuführen. Schließe mit dir selbst ein kleines Versprechen. Versuche täglich eine kleine Meditationseinheit zu absolvieren. Wenn Du erst einmal im „Flow" bist, dann wird es dir viel leichter fallen, dein Versprechen einzuhalten. Fange beispielsweise mit zwei Minuten an. Stelle dir zur Erinnerung einen Wecker oder mache dir eine kleine Notiz, sodass Du nicht vergisst zu meditieren. Dies kannst Du so lange ausführen, bis es zu einer festen Gewohnheit in deinem Alltag geworden ist und keine Erinnerung mehr nötig ist. Erhöhe nach und nach langsam die Dauer deiner Meditation um ein paar Minuten. Dies könnte zum Beispiel folgendermaßen aussehen:

Woche 1: 2 Minuten

Woche 2: 5 Minuten

Woche 3: 7 Minuten

Woche 4: 10 Minuten

Woche 5: 15 Minuten

Woche 6: 20 Minuten

Achte dabei genau darauf, wie es sich für dich anfühlt. Wenn Du das Gefühl hast, dass du nach 15 Minuten mit deinen Gedanken immer wieder abschweifst oder dein Körper zu träge wird, dann sind 15

Minuten vielleicht etwas zu lange gewählt. Du solltest nicht das Gefühl haben, dass das Ganze jedes Mal ein Kampf für dich ist oder die Zeit kaum vergeht. In dem Fall wären kurze Meditationen besser geeignet. Jeder Mensch besitzt andere Bedürfnisse. Das bedeutet, dass dir niemand genau sagen kann, wie lange Du meditieren sollst. Entscheide also auch hier ganz nach deinem Gefühl.

Kleiner Tipp

Um die Zeit während der Meditation im Auge zu behalten und nicht ständig an die Zeit denken zu müssen, kannst Du dir einen Wecker stellen. Manche Meditationstechniken sind so gestrickt, dass Du für ein paar Minuten eine bestimmte Atemübung machst und danach für ein paar Minuten eine andere Übung. Dazu empfiehlt es sich einen Yoga-Timer zu nutzen. Damit kannst du verschiedene Zeitintervalle einstellen und musst zwischendurch nicht ständig auf die Uhr schauen. Den Yoga-Timer kannst du zum Beispiel auf deinem Smartphone als App installieren.

Zusammenfassung Kapitel:

• Es gibt keine feste Vorgabe, zu welchem Zeitpunkt des Tages die Meditation durchgeführt wird. Dies sollte auf die persönlichen Bedürfnisse und das eigene Wohlbefinden angepasst werden

• Wichtig ist sich zumindest über einen bestimmten Zeitraum den gleichen Zeitpunkt des Tages vorzumerken, um somit eine Gewohnheit zur Meditation zu entwickeln

• Versuche zu Beginn mit einer kurzen Meditation zu starten. Die Dauer kannst Du anschließend nach und nach steigern. Dies wird auch deine Motivation erhöhen

• Ein Wecker ist eine gute Möglichkeit, um die Dauer der Meditation zu überwachen. Dies verhindert den ständigen Blick auf die Uhr

Kapitel 8

Die Meditation in den Alltag integrieren

8

Die Meditation in den Alltag integrieren

„Wenn du dein Leben so intensiv und vollständig leben möchtest, wie es geht, dann sei dort, wo es stattfindet: Im Hier und Jetzt!"

- Doris Kirch -

Um den vollen Effekt des Meditierens zu genießen, ist eine gewisse Regelmäßigkeit, am besten täglich, von erheblicher Bedeutung. Ebenso wie es sich mit dem Erlernen neuer Dinge und Fähigkeiten verhält, ist eine regelmäßige Durchführung ein wichtiger Bestandteil. Wie im vorherigen Kapitel bereits erwähnt, sollte es jedoch weniger darum gehen, dir immer einen festen Tageszeitpunkt freizuhalten. Dies dient lediglich der Integration einer Gewohnheit in deinem Alltag. Es sollte hierbei vielmehr darum gehen, deinen Gefühlen und Emotionen zu folgen. Die Meditation kann dabei als bewusstes Gegenmittel zum stressigen Alltag oder deinen Emotionen angesehen werden. Die Meditation sollte eben dann ausgeführt werden, wenn es dein Körper am meisten braucht. Hierzu bietet sich die Integration der Meditation in den Alltag an. Dadurch sorgst Du nicht nur dafür, den Tag ausgeglichener und bewusster zu erleben, sondern erhöhst auch die Wahrnehmung deiner Emotionen und Gefühle. Dazu solltest Du dich auf die folgenden drei Punkte fokussieren.

- Entspannen
- Wahrnehmen
- Nicht beurteilen

Der erste wichtige Punkt, welchen Du beachten solltest, ist das Entspannen. Das An- und Entspannen sind wichtige Bestandteile aller Meditationstechniken. Wir atmen ein und „halten fest". Wir atmen aus und „lassen los". Besonders im Alltag, sei es privat oder beruflich, sollten wir darauf achten, nicht zu sehr zu verspannen. Mit anderen Worten erklärt sollten wir lernen, nicht nur festzuhalten, sondern auch loslassen zu können. Denn ohne Entspannung entsteht Stress und Hektik, welcher sich in unserem Körper ansammelt. Durch die Ansammlung können wiederrum psychische und physische Krankheiten entstehen, welche es zu vermeiden gilt. Versuche dir also durch eine Meditationstechnik deiner Wahl einen Ausgleich zwischen An- und Entspannung zu schaffen.

Der zweite Punkt, den es beim Meditieren so gut wie immer zu beachten gilt, ist die Wahrnehmung bestimmter Dinge. In deinem Alltag besteht die Möglichkeit viele verschiedene Dinge bewusst wahrzunehmen. Du kannst dich beispielsweise auf deine Umwelt fokussieren oder aber auch deinen Gefühlen und Emotionen folgen. Nimm kleine alltägliche Bewegungen wahr. Wie fühlen sich diese an? Welche Muskeln betätigst Du dabei? Versuche ebenfalls deine Bedürfnisse wahrzunehmen. Wann benötigt dein Körper eine Pause? Zu welchem Zeitpunkt verspürt dein Körper Hunger oder Durst? Versuche dir eine Pause zu gönnen, wenn Du diese brauchst. Richte deinen Fokus auf deinen Körper während dieser Pause. Was fühlst Du dabei?

Der dritte wichtige Punkt beim Meditieren im Alltag ist das Wahrnehmen, ohne dies zu beurteilen. Es geht dabei einzig und alleine darum, die Dinge mit deinen Sinnen wahrzunehmen. Dazu kannst Du beispielsweise die Geräusche in deiner näheren Umgebung aufnehmen. Was hörst Du genau? Vielleicht läuten gerade die Kirchenglocken oder Du hörst spielende Kinder. Dabei wird dir vielleicht erst bewusst, dass viele kleine Geräusche im Alltag normalerweise gar nicht wahrgenommen werden. Ebenso lässt sich dies mit den weiteren Sinnen durchführen wie beispielsweise dem Geruchs- oder Tastsinn. Was riechst oder fühlst du in deiner Umgebung? Dadurch übst Du dich darin den jetzigen Moment bewusst wahrzunehmen und zu genießen. Dies kann zu einer erheblichen stressreduzierenden Wirkung beitragen. Zudem erhöht sich die Fähigkeit sich auf die wesentlichen Dinge im Alltag zu fokussieren.

Kleiner Tipp

Manche Menschen führen sogenannte Stopp-Meditationen durch. Dies bedeutet, während der Durchführung einer Tätigkeit einfach anzuhalten und sich für ein paar Sekunden nur auf sich selbst zu konzentrieren. Sie nehmen also die eigenen Gedanken, Gefühle und Emotionen für einen Moment bewusst wahr. Nach ein paar Minuten bewusster Achtsamkeit wenden sie sich wieder ihrer Tätigkeit zu.

Zusammenfassung Kapitel:

• Um den vollen Effekt der Meditation zu genießen, sollte eine regelmäßige Durchführung eingeplant werden

• Mit verschiedenen Entspannungsübungen kannst Du die Meditation in dein tägliches Leben integrieren

• Das Wahrnehmen und nicht Beurteilen unterschiedlicher Dinge im Alltag durch die Sinne kann eine enorme, stressreduzierende Wirkung besitzen. Zudem erhöht sich die Fähigkeit zur Fokussierung

Kapitel 9

Die Meditationsposition

9

Die Meditationsposition

„Der Geist ist durch seine Aktivität der leitende Architekt des eigenen Glücks und Leidens!"

- Buddha -

Ein weiterer wichtiger Punkt beim Meditieren ist die richtige Meditationsposition. Ausgegangen von einer passiven Meditationstechnik finden die meisten Meditationen im Sitzen oder Liegen statt. Zudem lassen sich diese auch im Stehen ausführen, wobei dies nicht so oft angewendet wird. Wie auch beim Zeitpunkt gibt es bei der Meditationsposition nicht die perfekte Haltung. Auch dies hängt wieder von persönlichen Bedürfnissen ab. Viele finden das Liegen als zu träge und einschläfernd, andere finden das Sitzen eher unbequem. Dies kannst Du aber wieder nach einigen Meditationen für dich selbst herausfinden.

Meditieren im Sitzen

Meditation im Sitzen kann mit oder aber auch ohne Meditationskissen durchgeführt werden. Das Kissen bietet jedoch den Vorteil der Entlastung der Fußrücken und der Knie. Gerade für Anfänger ist dies empfehlenswert, da der Druck auf diese beiden Körperstellen meistens als störend empfunden wird. Dabei kann ein Meditationskissen Abhilfe verschaffen und somit die Meditation im Sitzen angenehmer gestalten. Dieses sollte jedoch nicht zu weich und aus einem stabilen Obermaterial sein. Im Kapitel „Nützliches Zubehör“ findest Du ein preiswertes und zudem sehr komfortables Meditationskissen. Das Kissen sollte so positioniert werden, dass das Gesäß dabei möglichst erhöht ist.

Beim Meditieren im Sitzen gibt es verschiedene Sitzpositionen. Im Folgenden möchte ich dir die häufigsten kurz erklären.

Der bequeme Schneidersitz

Diese Sitzvariante eignet sich besonders gut für Anfänger. Dabei setzt Du dich zunächst mit ausgestreckten Beinen auf den Boden oder eine Matte und legst die Ferse deines linken Fußes an die Innenseite deines rechten Oberschenkels. Dann ziehst du den rechten Fuß soweit heran, wie es dir möglich ist. Dein rechter Fuß liegt somit vor dem linken Fuß auf dem Boden. Der Rücken bleibt dabei gerade.

Der Fersensitz

Bei dieser Sitzvariante setzt Du dich auf deine Fersen, sodass deine Fußsohlen deine Pobacken berühren. Die Schienbeine sind dabei flach auf dem Boden und die gesamte Körperlast sollte dabei auf Knie und Knöchel verteilt werden. Achte dabei ebenfalls auf eine gerade Haltung. Dafür kannst du auch ein Kissen oder ein Bänkchen verwenden, um es für dich bequemer zu gestalten. Diese Variante eignet sich ebenfalls sehr gut für Anfänger.

Der halbe Lotussitz

Hierbei handelt es sich um eine Vorstufe zum Lotussitz und eignet sich für alle, die einen Schritt weiter gehen wollen. Setze dich dazu wieder mit ausgestreckten Beinen auf den Boden oder eine Matte und lege wieder die Ferse deines linken Fußes an die Innenseite deines rechten Oberschenkels. Umgreife dann den rechten Fuß und ziehe ihn, mit nach oben gedrehter Fußsohle, hoch zu deinem linken Oberschenkel. Dein rechter Fuß liegt somit auf deinem linken Unterschenkel. Dein Rücken sollte auch hier gerade bleiben.

Der Lotussitz

Diese Sitzvariante eignet sich für Menschen mit guter Körperbalance und hohem Dehnungsvermögen. Für den Lotussitz praktizierst Du zunächst den halben Lotussitz. Sobald dein rechter Fuß auf deinem linken Oberschenkel liegt, kannst du den linken Fuß unter deinem rechten Bein hinwegziehen und mit nach oben gedrehter Fußsohle auf deinen rechten Unterschenkel legen. Deine Unterschenkel sind somit gekreuzt und Du besitzt automatisch eine aufrechte Haltung. Diese Sitzposition ist nicht ganz einfach und zu Beginn schwierig für Anfänger. Der Lotussitz kann aber durch verschiedene Dehn- und Yogaübungen erlernt werden.

Du kannst die verschiedenen Sitzvarianten ausprobieren, um zu testen, mit welcher Du dich anfreunden kannst und dich am meisten wohlfühlst. Sollte eine Sitzvariante für dich nicht angenehm sein, bedeutet dies, dass sie nicht die richtige Wahl für dich ist. Denn ein unangenehmes Gefühl während der Meditation wird dich nur unnötig blockieren oder ablenken.

Das Meditieren im Liegen ist besonders dann geeignet, wenn eine Entspannungsmeditation durchgeführt werden soll. Denn in dieser Position besteht die Möglichkeit, dass sich der Körper vollkommen fallen lässt. Achte dabei darauf, dass dein Nacken sich ebenfalls entspannen kann. Nehme hierzu ein relativ flaches Kissen, welches Du unter deinen Kopf schieben kannst. Hierbei kann es durchaus öfter passieren während der Meditation einzuschlafen. Dies ist aber nicht weiter schlimm und bedeutet nur, dass sich dein Körper vollständig entspannen kann. Sollte es dich beim Meditieren dennoch erheblich einschränken, weil Du beispielsweise sehr schnell einschläfst, dann solltest Du vielleicht in Betracht ziehen, das Meditieren im Sitzen zu praktizieren.

Kleiner Tipp

Lasse zur Übung beim Meditieren im Liegen deine Augen geöffnet. Das verhindert, dass Du ungewollt einschläfst. Versuche aber dabei deine Aufmerksamkeit auf das Wesentliche zu lenken und lasse dich nicht von dem, was Du siehst, ablenken. Besonders zu Beginn ist es jedoch für die meisten Menschen einfacher, mit geschlossenen Augen zu meditieren. Denn visuelle Reize können auf diese Weise vollkommen ausgeblendet werden.

Zusammenfassung Kapitel:

- Die verschiedenen Meditationstechniken können wahlweise im Liegen, Sitzen oder Stehen ausgeführt werden
- Dies ist ebenso wie die Wahl des Zeitpunktes von den persönlichen Bedürfnissen abhängig

Kapitel 10

Die Körperhaltung

10

Die Körperhaltung

„Wir selbst müssen die Veränderung sein, die wir in der Welt sehen wollen!"

- Mahatma Ghandi -

Neben der Meditationsposition zählt die Körperhaltung zu den wichtigsten Elementen beim Meditieren. Hier können sich sehr schnell Fehler einschleichen und die Meditation blockieren.

Den Körper vor der Meditation dehnen

Es ist ratsam vor jeder Meditation kurz den Rücken zu dehnen und die Wirbelsäule zu mobilisieren. Dadurch fällt es dir um einiges leichter in deiner Meditationsposition für längere Zeit zu verweilen.

- Setze dich in einen bequemen Schneidersitz und strecke deine Arme einmal nach oben. Strecke deine Wirbelsäule einmal kräftig durch.
- Dehne auch deinen Nacken, indem Du den Kopf einmal zur linken und zur rechten Schulter neigst. Ziehe dein Kinn auch einmal zu Brust und einmal zur Decke.
- Dehne deine Beine, indem Du diese nach vorne ausstreckst und mit deinen Händen versuchst deine Zehen zu umfassen. Halte dabei den Rücken gerade. Wenn es dir nicht gelingt, kannst Du auch deine Fußknöchel umfassen. Um die Dehnung zu verstärken, ziehe deine

Zehen in Richtung deines Körpers oder versuche vorsichtig deinen Kopf auf deinen Beinen abzulegen.

Die richtige Haltung

Bei der Körperhaltung in der sitzenden Meditationsposition ist es besonders wichtig auf einen geraden und aufrechten Rücken zu achten. Es kann dir helfen, dich am Anfang in einem Spiegel zu betrachten. Du solltest nicht vorne überhängen, denn dadurch übst Du zu viel Druck auf deine Beine aus. Kippe dein Becken möglichst nach vorne. Dadurch ist es möglich, eine zu starke Krümmung der Wirbelsäule zu vermeiden. Du solltest das Ganze aber auch nicht zu sehr erzwingen. Eine natürliche leichte Krümmung in der Wirbelsäule ist völlig in Ordnung. Denn dadurch kann sich der Bauch entspannen. Achte während der Meditation immer wieder auf deine Schulterhaltung. Denn viele Menschen neigen dazu, diese immer wieder hoch zu ziehen und zu sehr anzuspannen. Sie sollten jedoch entspannt nach hinten und unten gerichtet sein. Auch dein Kopf sollte eher nach unten gerichtet sein, sodass eine leichte Dehnung im Nacken vorhanden ist. Überprüfe also zwischendurch immer wieder die folgenden Körperpartien:

- Rücken
- Becken
- Schultern
- Kopf

Kleiner Tipp

Manchen hilft es, sich während der Meditation vorzustellen, am Kopf mittels Faden nach oben gezogen zu werden. Das hilft dabei eine aufrechte Haltung beizubehalten und den Kopf leicht nach vorne zu neigen.

Zusammenfassung Kapitel:

- Die richtige Körperhaltung ist während der Meditation ein enorm wichtiges Element
- Durch eine falsche Haltung kann die Meditation unnötig erschwert werden und die Motivation sinken
- Versuche dich vor der Meditation kurz zu dehnen

Kapitel 11

Die richtige Atmung

11

Die richtige Atmung

„Was hinter uns liegt und was vor uns liegt ist nichts im Vergleich zu dem was in uns liegt!“

- Ralph Waldo Emerson -

Die richtige Atmung bildet einen zentralen Bestandteil beim Meditieren. Ohne dies stellt es sich schwierig dar, die positiven Effekte zu nutzen. Mittels der bewussten und langsamen Atmung beruhigt sich der Geist und Verstand von ganz alleine. Denn durch den Alltagsstress, die Sorgen und Hektik neigen wir Menschen zu einer gewissen Kurzatmigkeit und atmen schnell und flach. Die Meditation soll genau diesem entgegenwirken. Zudem wird die Atmung durch unser Unterbewusstsein gesteuert, wodurch wir diese in unserem Alltag meistens völlig ausblenden. Durch das Meditieren und den Fokus auf unsere Atmung können wir das Stressniveau senken und somit unser Wohlbefinden enorm erhöhen. Es gibt unzählig viele verschiedene Atemtechniken und Übungen. Die zwei wichtigsten Atemtechniken möchte ich im Folgenden kurz erläutern.

Bei den meisten Meditationstechniken kommt überwiegend die Bauchatmung zum Einsatz. Da wir im Alltag überwiegend in den Brustraum atmen, verspannen wir zu sehr und können so die Energie schlechter durch unseren Körper fließen lassen. Daher sollten wir bei der Meditation versuchen in den Bauchraum zu atmen, sodass all unsere Organe mit genügend Sauerstoff versorgt werden und wir uns voll und ganz entspannen können. Wenn dir die Technik der Bauchatmung noch schwer fällt oder Du nicht sicher bist, ob Du diese richtig ausführst, kann dir die folgende Übung weiterhelfen.

1. Lege dich zunächst auf den Rücken

2. Schließe anschließend den Mund und atme durch die Nase tief in deinen Bauchraum. Achte darauf, dass sich dabei deine Bauchdecke hebt. Der Brustkorb sollte sich nicht oder nur geringfügig bewegen

3. Beim Ausatmen sollte sich die Bauchdecke wieder senken. Um diese Atemtechnik zu überprüfen, kannst Du deine Hände während dieser Übung auf deinen Bauch legen

Um den Unterschied zwischen Brust- und Bauchatmung zu spüren, führe ebenfalls einmal die Brustatmung durch. Dazu sollte sich beim Einatmen deine Brust heben, während dein Bauch sich nicht bewegt oder nur geringfügig einzieht. Beim Ausatmen sollte sich die Brust wieder senken. Vielleicht erkennst Du nun den Unterschied zwischen diesen beiden Atemtechniken. Nutze bei der Meditation die Bauchatmung, um die ganze Energie durch deinen Körper fließen zu lassen.

Eine natürliche, tiefe Atmung

Versuche beim Meditieren tief, aber dabei auf natürlicher Weise zu atmen. Dies lässt sich mit der Drei-Schritte Methode erreichen.

1. Atme durch die Nase tief in deinen Bauchraum ein

2. Halte die Luft für einen kurzen Moment (zwei oder drei Sekunden) an

3. Atme durch den Mund langsam wieder aus

Diese Methode kannst Du zu Beginn deiner Meditation anwenden, um in den passenden Rhythmus zu kommen. Dadurch schaltet dein Körper automatisch in den Entspannungsmodus. Die Pause, in der Du die Luft anhältst, sollte relativ natürlich sein. Versuche dabei nicht das Tempo der Atmung unnatürlich zu beschleunigen. Atme bewusst, wenn Du den Impuls dazu verspürst.

Spüre bei deiner Atmung, wie die Energie durch die Nase in deinen Körper strömt und sich die Luft in der kurzen Pause in deinem Körper ausbreitet. Lasse all deine Sorgen und all die schlechte Energie, welche Du in dir trägst, durch das Ausatmen aus deinem Körper gleiten. Stelle dir bei jedem Atemzug genau vor, wie Du deinen Körper mit frischer Luft und guter Energie versorgst.

Kleiner Tipp

Eine bewusste, tiefe Atmung kann auch bei schwierigen Situationen wie beispielsweise Prüfungen oder Vorträgen genutzt werden. Dies lässt dein persönliches Stressniveau und deine Nervosität sinken und Du kannst diese Situation um einiges entspannter erleben.

Zusammenfassung Kapitel:

• Die richtige Atmung bildet einen zentralen Bestandteil bei der Meditation

• Durch eine bewusste, tiefe Bauchatmung kann das Stressniveau gesenkt werden und Ängste oder Sorgen aus dem Körper geleitet werden

• Durch die Fokussierung auf den Atem können wir die positive Energie, welche in unseren Körper fließt, spüren und dadurch Negatives auslöschen

Kapitel 12

Die richtige Umgebung

12

Die richtige Umgebung

„Bei der Meditation geht es darum, die Wahrheit in jedem Augenblick zu sehen – nicht die absolute Wahrheit, sondern in jedem Moment das Wahre und Unwahre!"

- Jiddu Krishnamurti -

Damit du dich bei deiner Meditation wohl fühlst und nicht gestört wirst, sollte die perfekte Umgebung gewählt werden und für ein angenehmes Ambiente sorgen.

Der passende Ort

Optimal wäre es natürlich draußen an einem stillen Ort in der Natur zu meditieren. Denn dort fühlen wir uns meist am entferntesten von all dem Alltagsstress und können kleine Nebengeräusche gut ausblenden. Wir haben außerdem die Möglichkeit unsere Verbundenheit zur Natur wiederherzustellen und uns mit frischer Luft zu verwöhnen.

Allerdings hat nicht jeder die Möglichkeit, an einem solchen Ort zu meditieren. Manchmal ist es einfach auch zeitlich nicht möglich. Das ist aber auch ganz und gar nicht schlimm, denn wir können auch zuhause eine angenehme Atmosphäre für uns schaffen.

Wähle für deine Meditation einen Ort, an dem Du so wenig äußeren Reizen wie möglich ausgeliefert bist. Denn besonders als Anfänger ist es oftmals schwierig aufmerksam bei der Sache zu bleiben. Ein ruhiger, privater Ort kann beispielsweise dein Schlafzimmer oder ein beliebig nach deinem Geschmack gewählter Raum sein. Der Ort muss nicht besonders viel Platz bieten. Die Hauptsache ist möglichst ungestört von äußeren Reizen zu sein.

Sorge außerdem dafür, dass es an diesem Ort nicht zu warm und nicht zu kalt ist. Du solltest dich wohlfühlen. Wenn Du es gerne dunkel magst, kannst Du den Raum verdunkeln und ein paar Kerzen anzünden, die dir etwas Licht spenden. Das sorgt für eine besonders ruhige und entspannte Atmosphäre.

Für Ruhe sorgen

Sorge dafür, während der Meditation nicht unterbrochen zu werden. Gebe Menschen in deiner näheren Umgebung Bescheid in der nächsten Zeit nicht gestört zu werden und einen Moment für dich zu haben. Schalte alle elektronischen Geräte, die besonders laut sind, aus. Du solltest außerdem dein Handy auf lautlos stellen, denn Anrufe oder eingehende Nachrichten könnten dich ebenfalls während der Meditation ablenken und deinen Fokus stören.

Eine absolute Stille ist allerdings nicht notwendig. Denn gerade die kleinen Hintergrundgeräusche, wie das Bellen eines Hundes oder das Vorbeifahren eines Autos, können dir helfen, die Umwelt bewusster wahrzunehmen. Dies stärkt zudem deinen Fokus und steigert deine Konzentrationsfähigkeit, die dir anschließend in deinem Alltag bei vielen weiteren Aufgaben behilflich sein kann. Jedoch sollten sie deine Gedanken nicht dominieren und deine Konzentration nicht ständig unterbrechen.

Die passende Kleidung

Trage während deiner Meditation bequeme Kleidung. Besonders enganliegende Kleidung kann dich in deiner Beweglichkeit einschränken oder dir ein unangenehmes Gefühl geben. Wähle lockere Kleidung wie beispielsweise ein weites T-Shirt oder einen Pullover und ziehe deine Schuhe und eventuell deine Socken aus, bevor du meditierst. Die richtige Kleidung kann einen großen Einfluss auf dein Wohlbefinden während der Meditation haben.

Achte, wie schon erwähnt, darauf, dass es dir nicht zu warm und nicht zu kalt ist. Denn dies könnte dazu führen, dass deine Aufmerksamkeit auf das Frieren oder das Schwitzen gerichtet ist und es könnte das Meditieren unnötig unterbrechen. Manche Menschen bevorzugen es übrigens auch ohne Kleidung zu meditieren, da sie sich so besonders befreit fühlen.

Kleiner Tipp

Durch die Wahl eines festen Meditationsortes ist es möglich, eine gewisse Routine oder Gewohnheit in deinem Alltag zu integrieren. Dadurch kannst Du dich während der Meditation vollkommen fallen lassen und dich so vollständig entspannen.

Zusammenfassung Kapitel:

- Wähle einen Ort, an dem Du dich persönlich sehr wohlfühlst und frei von äußeren Reizen bist
- Durch die richtige Auswahl des Meditationsortes lässt sich dein Fokus extrem steigern und die Effekte verstärken
- Versuche mögliche Störquellen bereits vor der Meditation zu entfernen
- Wähle für dich eine Kleidung, in der Du dich ebenfalls sehr wohlfühlst und welche sehr bequem ist

Kapitel 13

Die Meditationsmusik

13

Die Meditationsmusik

„Laufe nicht der Vergangenheit nach und verliere dich nicht in der Zukunft. Die Vergangenheit ist nicht mehr und die Zukunft ist noch nicht gekommen. Das Leben ist hier und jetzt!"

- Buddha -

Manche Menschen führen ihre Mediation mit Meditationsmusik durch. Bei der Frage, ob Meditationsmusik beim Meditieren eher unterstützt oder eher ablenkt, gehen die Meinungen stark auseinander. Denn was für den einen als störend empfunden wird, hilft dem anderen sich zu konzentrieren. Musik kann einen großen Einfluss auf den Körper und Geist ausüben. Sie kann dir helfen dich zu entspannen oder in eine Art Trance zu versetzen. Dazu musst Du allerdings für dich persönlich herausfinden, welche Art von Musik deinem Körper bei der Entspannung und Fokussierung hilft.

Meditationsmusik kann zum Beispiel eine rhythmische Trommelmusik sein oder eine hypnotisierende Trance-Musik. Manche hören beim Meditieren auch Gesang oder Melodien ohne Gesangtext. Vielleicht hilft dir auch klassische Musik. Zur Entspannung solltest Du am besten eine ruhigere Art von Musik wählen. Möchtest Du allerdings deine Konzentration steigern oder eine dynamische Meditation anwenden, dann kannst Du eine Musik abspielen, die etwas anregender ist. Gehe dabei ganz nach deinem persönlichen Geschmack und probiere verschiedene Arten von Musik aus.

Außerdem gibt es geführte Meditationen. Dabei wirst Du von jemandem – beziehungsweise einer Stimme - durch die Meditation geleitet. Dabei solltest du darauf achten die Stimme in dieser geführten Meditation als angenehm zu empfinden. Denn nichts ist schlimmer, als eine unangenehme Stimme zu hören, indem man sich versucht zu entspannen und zu fokussieren.

Kleiner Tipp

Auf Spotify und YouTube gibt es viele verschiedene Arten von Meditationsmusik und ebenfalls geführte Meditationen. Da ist bestimmt auch für dich etwas dabei.

Zusammenfassung Kapitel:

- Eine Meditationsmusik kann dich bei der Entspannung Fokussierung während der Meditation unterstützen. Dies stellt jedoch kein Muss dar. Manchen hilft es, manche empfinden es jedoch als störend
- Wähle nach Bedarf, deinem persönlichen Empfinden und Geschmack die richtige Meditationsmusik

Kapitel 14

Die Schritt-für-Schritt Anleitung

14

Die Schritt-für-Schritt Anleitung

„Aus der Perspektive der Meditation ist jeder Zustand ein besonderer Zustand und jeder Moment ein besonderer Moment!"

- Jon Kabat-Zinn -

Mit dieser Schritt-für-Schritt Anleitung soll es dir möglich sein, die Meditation schnell, einfach und effektiv zu einem unentbehrlichen Bestandteil deines Alltags werden zu lassen. Alle wichtigen Punkte sind im Folgenden in acht Schritten nochmals zusammengefasst. Dies soll dir einen kompakten Überblick über das Meditieren verschaffen, sodass Du Stress, Ängste, Sorgen, negative Gefühle und Emotionen aus deinem Alltag vergessen kannst.

1. Lege deine persönliche Meditationstechnik fest

Versuche eine tiefe Verbindung mit deinem Inneren herzustellen. Wie geht es dir heute? Welche Gefühle und Emotionen machen sich in dir breit? Wie ist dein aktuelles Stressniveau? Suchst Du etwas, um dich zu entspannen und deinen Geist von negativen Dingen zu befreien? Möchtest Du deinen Fokus und deine Konzentrationsfähigkeit steigern? Bist Du darin bestrebt deine Fokussierung auf deinen Körper oder eher auf deine Umwelt zu stärken? Liegt dir eher eine aktive oder passive Meditationstechnik? Welche Meditationstechnik benötigt dein Körper im jetzigen Augenblick?

Je nach deinen persönlichen Bedürfnissen kannst Du die Technik zum Meditieren für dich selbst festlegen. Zu Beginn solltest Du dich jedoch in der Praxis einiger Techniken üben, um ein gewisses Gefühl zu entwickeln, was dein Körper und Geist wirklich benötigt und was ihn glücklich macht. Anschließend kannst Du eine Meditationstechnik für dich festlegen, um eine feste Gewohnheit zu entwickeln und dich voll und ganz fallen zu lassen.

2. Lege deine Zeit fest

Wie steht es mit deinem Bedürfnis nach der Dauer der Meditation? Liegen dir eher kürzere oder längere Einheiten? Falls Du nur eine begrenzte Zeit zur Verfügung hast, ist es möglich, dir einen Wecker zu stellen, um nicht fortlaufend die Uhr im Blick haben zu müssen und dadurch deinen Fokus zu verlieren. Du solltest dich auch nicht dazu zwingen müssen, die Meditation über eine lange Zeit auszuführen. Kürzere Meditationen können teilweise effektiver sein als längere. Versuche auch hier zu Beginn ein wenig zu testen, was dir persönlich am besten liegt. Wie schon beschrieben ist es natürlich jederzeit möglich, die Dauer zu steigern. Zudem gibt es keinen perfekten Zeitpunkt für eine Meditation. Dies kannst Du auch nach deinen persönlichen Bedürfnissen festlegen. Dennoch solltest Du, wenn möglich, einen festen Tageszeitpunkt fixieren, um auch hier eine Routine zu entwickeln.

3. Wähle die Umgebung

Suche dir einen Ort aus, an dem Du dich sehr wohlfühlst und es weder zu warm, noch zu kalt ist. Passe die Helligkeit an dein Wohlbefinden an und schaffe dir somit eine angenehme Atmosphäre frei von äußeren Reizen, die dich ablenken könnten.

4. Sorge für Ruhe

Sollten Menschen in deiner näheren Umgebung sein, dann gib ihnen Bescheid, dass Du für einen Augenblick nicht gestört werden möchtest. Stelle dein Smartphone auf lautlos und schließe die Tür. Minimiere alle äußeren Reize und nehme die Ruhe bewusst für dich wahr. Kleine Hintergrundgeräusche können dennoch verbleiben, um deinen Fokus und deine Konzentrationsfähigkeit zu steigern.

5. Mach es dir bequem

Sorge dafür bequeme Kleidung zu tragen, sodass sich dein Körper frei fühlen kann. Dehne vor der Meditation deinen Körper und mobilisiere die Wirbelsäule, damit die Energie frei fließen kann. Suche dir dann eine Position (zum Beispiel sitzend oder liegend), welche sich für dich sehr angenehm anfühlt.

6. Überprüfe deine Haltung

Achte in der sitzenden Position darauf, dass dein Rücken gerade, dein Kopf leicht gesenkt ist, deine Schultern entspannt zurück liegen und dein Becken leicht nach vorne gekippt ist. Hierbei kannst Du ein Meditationskissen verwenden, um die Sitzposition - gerade zu Beginn - einfacher und angenehmer zu gestalten. Achte in der liegenden Position darauf, dass dein Nacken ein wenig gestützt ist, zum Beispiel durch ein Kissen.

7. Konzentriere dich auf deine Atmung

Wende zu Beginn die Drei-Schritte-Technik an. Atme durch die Nase tief in den Bauchraum. Halte den Atem für zwei bis drei Sekunden an und atme dann durch den Mund wieder aus. Wiederhole dies einige Male, bis Du deinen Rhythmus gefunden hast. Spüre dabei, wie die positive Energie durch deine Nase in deinen Körper strömt und sich ausbreitet. Lasse dann die negative Energie beim Ausatmen aus deinen Körper gleiten. Lege deinen kompletten Fokus auf die Atmung.

8. Entspanne dich

Entspanne jeden Teil deines Körpers. Leite deine Aufmerksamkeit aus dem Kopf auf deinen Körper oder auf was auch immer Du dich konzentrieren und fokussieren möchtest. Versuche etwas anderes als deine Gedanken wahrzunehmen. Sei in diesem Moment voll und ganz bei dir selbst und versuche den Alltag und die Sorgen mit Hilfe der Meditation loszulassen.

Kapitel 15

Die häufigsten Fehler bei der Meditation

15

Die häufigsten Fehler bei der Meditation

„Die wahre Lebensweisheit besteht darin im Alltäglichen das Wunderbare zu sehen!"

- Pearl S. Buck -

Fortwährende Zweifel über die korrekte Ausführung

Viele Menschen, die das Thema Meditation ernst nehmen und dadurch auch wirklich ihre Lebensumstände verändern oder verbessern wollen, zweifeln teilweise öfter als gedacht an der richtigen oder perfekten Ausführung. Aus diesem Grund kann es eintreten, dass die eigene Meditationsausführung zu detailliert analysiert und verbessert wird. Die Folge daraus ist, dass der Geist und die Konzentration vermehrt auf dem Analysieren der richtigen Ausführung liegen, anstatt sich der eigentlichen Meditation zu widmen.

Wie mit vielen Dingen im Leben sollte der Fokus jedoch nicht auf der perfektionistischen Durchführung liegen. Werden bereits mit einer Meditationstechnik gute Erfolge erzielt, so sollte diese Technik auch weiterhin beibehalten werden, anstatt eine kontinuierliche Verbesserung anzustreben. Zudem ist es nicht gerade motivierend auf die unbewusst gestellte Frage „Führe ich die Meditation korrekt aus?" keine Antwort zu erhalten. Dies führt früher oder später zwangsläufig zur Demotivation und zum Aufgeben der

Meditationsübung. Löse dich also von dem Gedanken einer perfektionistischen Ausführung. Lege deinen Fokus bewusst verstärkt auf dein Inneres und stärke somit deine Achtsamkeit.

Der Sprung von einer Technik zur anderen

Ein weiterer Fehler zur Implementierung einer erfolgreichen Meditation im Alltag ist das pausenlose Wechseln der Meditationstechnik. Was zu Beginn vielleicht noch ein Muss darstellt, sollte im weiteren Verlauf nicht zwangsläufig aufrechterhalten werden. Nach anfänglichem Experimentieren bezüglich der Technik, welche sich persönlich für dich gut anfühlt, am besten funktioniert und sich gleichzeitig Erfolge verzeichnen lassen, ist es auch nötig, diese Technik weiterhin zu verfolgen.

Dadurch entsteht eine gewisse Verbundenheit und die Meditation wird zur Gewohnheit. Durch diese entstehende Gewohnheit wird es dir zukünftig leichter fallen, deine Konzentration zu steigern und deinen Geist zu beruhigen und zu sammeln. Vermeide also einen ständigen Wechsel der Technik, um dich von deinen Gedanken befreien zu können und im Hier und Jetzt zu sein.

Zu hohe Erwartungen, die in kürzester Zeit eintreffen sollen

Hohe Erwartungen erhöhen in unserem Leben auch gleichzeitig den Druck auf eine bestimmte Sache, die wir erreichen wollen. Vielleicht ist es dein Ziel dem Alltagsstress zu entkommen und ihn abzubauen oder Du befindest dich derzeit in einer schwierigen Lebenssituation und suchst Unterstützung durch die Meditation. Vielleicht möchtest Du aber auch mehr Wohlbefinden erlangen und deinen Geist beruhigen, um somit den Alltag besser bewältigen zu können und ein emotionales Gleichgewicht herzustellen.

Egal, welches Ziel Du auch verfolgen magst, versuche nicht nur auf Grund dieser Ziele zu meditieren. Versuche vielmehr die Meditation zu einer festen Gewohnheit werden zu lassen und setze dich nicht durch hohe Erwartungen unter Druck, die womöglich in kürzester Zeit eintreten sollen. Wie auch mit anderen Dingen im Leben gilt, je mehr Übung, desto besser die zu erwartenden Ergebnisse. Fokussiere dich also auf die Meditation und versuche diese zu genießen, um ein Gefühl der inneren Ruhe und Klarheit zu erzeugen. Die positiven Effekte, welche sich daraus ergeben werden, können sogar erst nach Wochen oder Monaten eintreten. Versuche deine Erwartungen zu Beginn niedrig zu halten, sodass Du deine neue Gewohnheit langfristig in den Alltag integrieren und in den Genuss der positiven Effekte durch die Meditation kommen kannst.

Keine regelmäßige Meditation

Der häufigste Fehler bei der Meditation ist die fehlende Beständigkeit der Durchführung. Mit einer fehlenden Regelmäßigkeit ist es nicht möglich, eine Gewohnheit zu entwickeln. Eine Gewohnheit, die wiederrum zu einer gewissen Verbundenheit von Körper, Seele und Geist führt. Versuche daher einen festen Rhythmus zu entwickeln, indem Du beispielsweise zum gleichen Tageszeitpunkt meditierst. Dies kann morgens nach dem Aufstehen oder auch zu einer anderen Uhrzeit deiner Wahl sein. Diese Beständigkeit wird es dir erleichtern, eine feste Gewohnheit zu entwickeln und das Meditieren nicht zu vernachlässigen.

Versuche dir dies zu Beginn als großes Ziel zu setzen. Zudem gilt Qualität vor Quantität. 5 – 10 Minuten täglich können manchmal um einiges effektiver sein als 30 Minuten oder sogar eine ganze Stunde. Entscheidend ist, wie Du dich in diesem Zeitraum fühlst und wohin deine Gedanken wandern. Sinkt deine Konzentration und schweifen deine Gedanken in eine negative Richtung ab, so kann das ein möglicher Hinweis auf eine zu lange Meditation sein. Anfangs können es auch nur 2 - 5 Minuten sein. Sei jedoch fest dazu entschlossen, täglich zur gleichen Uhrzeit zu meditieren. Durch die positiven Wirkungen auf deinen Alltag wächst zudem auch das Interesse zur zeitlichen Verlängerung der Meditation.

Übertriebener Ehrgeiz

Durch übertriebenen Ehrgeiz besteht die Möglichkeit einer gewissen Regelmäßigkeit, versuche jedoch deinen Ehrgeiz etwas zu zügeln. Eine Regelmäßigkeit, wie bereits im darüber liegenden Fehler erklärt, sollte zwar angestrebt werden, jedoch nützt es nichts, jeden Tag einen sehr hohen Zeitaufwand (wie beispielsweise 1 – 2 Stunden) zu betreiben, um die Meditation zu verfolgen. Wie mit vielen anderen Dingen ist es auch in diesem Fall nötig, die aufzuwendende Zeit sinnvoll einzuteilen. Ansonsten besteht die Gefahr durch übertriebenen Ehrgeiz den Spaß und die Lust an der Meditation zu verlieren, sobald keine spürbaren Erfolge oder Ergebnisse eintreten.

Versuche also mit viel Ruhe, Gelassenheit und Geduld die Meditation in deinen Alltag zu integrieren, statt mit zu hohem Ehrgeiz die gewünschten Ergebnisse zu erzwingen. Früher oder später wird dies die Motivation und den Spaß rauben. Teile dir daher deinen Zeitaufwand täglich sinnvoll ein, indem Du zu Beginn 5 – 10 Minuten meditierst und dies im weiteren Verlauf stetig steigerst.

Entwickle stattdessen einen Ehrgeiz, sodass Du bei nicht eintretenden Erfolgen und dem daraus erhofften Wandel deiner Lebensumstände dennoch mit einem gesunden Maß bei der Sache bleibst. So wird dir die Meditation auch langfristig die gewünschten Ergebnisse liefern.

Kapitel 16

Nützliches Zubehör für die Meditation

16

Nützliches Zubehör für die Meditation

„Die wahre Lebensweisheit besteht darin im Alltäglichen das Wunderbare zu sehen!“

- Pearl S. Buck -

Meditationskissen

Um den Sitzkomfort bei der Meditationspraxis zu erhöhen, ist es empfehlenswert, ein Meditationskissen zu verwenden. Dies ist nicht nur für Anfänger, sondern auch für Fortgeschrittene eine tolle Möglichkeit die ideale Sitzgelegenheit zu finden.

Meditationsmatte

Eine weitere Möglichkeit, um die perfekte Sitzposition zu finden, ist eine Meditationsmatte. Besonders bei Gelenkproblemen ist eine Matte oder ein Kissen ein sehr gutes Zubehör zur Durchführung der Meditation.

Meditationsapp

Gerade für Anfänger in Sachen Meditation ist es wichtig, eine gewisse Basis zu schaffen. Dabei kann dir die deutschsprachige App *7Mind* helfen. Diese bietet dir zum Einstieg über 7 Tage ein tägliches, 7-minütiges Gratisprogramm. Der Meditationsguide führt dich durch gezielte Kurse für einen besseren Schlaf, zur Bewältigung von Stress oder auch für eine glücklichere Beziehung.

Um die Integration der Meditation so einfach und leicht wie möglich zu gestalten, erhältst Du in diesem Bonusmaterial die wirksamsten Achtsamkeitsübungen, welche Du zusätzlich in deinen Alltag einbringen kannst. Diese sollen dich von Stress hin zu Ruhe, Gelassenheit und Achtsamkeit führen. Das kostenlose Übungsbuch erhältst Du über den untenstehenden Link.

Starte also sofort mit deiner Veränderung und erreiche dadurch ein erfolgreiches, glückliches und stressfreies Leben!

Gehe dazu einfach auf folgende Seite:

https://bit.ly/3PyllOH

Schlusswort

Nun bist Du am Ende dieses Buches angekommen. Ich hoffe, ich konnte dir die Meditation so gut wie möglich erklären und tiefe Einblicke gewähren, weshalb das Meditieren alles andere als nur religiöse Zusammenhänge besitzt. Wird die Meditation richtig angewandt, so können faszinierende Auswirkungen erreicht und somit die Lebensqualität erheblich verbessert werden. Versuche dich also gleich an der Praxis und zögere nicht länger, deinen Alltag weiterhin in Stress und Hektik zu verfolgen. Nutze das mächtige Werkzeug, um dein Leben zu bereichern und deine persönliche Entwicklung voranzutreiben. Wichtig ist immer den ersten Schritt zu machen. Sobald daraus eine Gewohnheit gemacht wurde, kommt der Rest von ganz alleine und Du kannst die wissenschaftlich bewiesenen Effekte erlangen und dein bislang noch verstecktes Potential nutzen.

Hast Du etwas lernen können?

Nun kommen wir zu dem Teil des Buches, indem ich dich um einen kleinen Gefallen bitte. Falls Du es nicht bereits wissen solltest stellen Rezensionen einen wichtigen Bestandteil von Produkten dar. Diese dienen als Kaufentscheidung für weitere Leser. Rezensionen helfen zudem meine Bücher für andere Käufer sichtbarer zu machen und auch anderen Lesern bei ihren Problemen weiterhelfen zu können. Vielleicht gibt es auch Personen in deinem näheren Umfeld, denen Du in der persönlichen Entwicklung weiterhelfen möchtest. Dann würde ich mich über eine Weiterempfehlung meines Buches sehr freuen.

Falls Du also etwas gelernt, Gefallen an meinem Buch und/oder es als hilfreich empfunden hast, wäre ich dir für eine kurze Bewertung sehr dankbar. Um dies durchzuführen, klicke einfach unter „Meine Bestellungen“ im Amazon Konto auf „Schreiben Sie eine Produktrezension“. Bewerte das Buch mit einigen kurzen Sätzen und schreibe deine ehrliche Meinung, was dir gut gefallen hat und was Du davon hältst.

Diese Rezensionen helfen mir die Qualität meiner Bücher zu verbessern. Daher wäre ich dir sehr dankbar, wenn Du dieses Buch auf Amazon bewerten würdest.

Vielen herzlichen Dank für die Unterstützung!

An dieser Stelle möchte ich auch ein großes Dankeschön an den Leser dieses Buches richten. Ich wünsche nun das Allerbeste, viel Erfolg und Disziplin für die Zukunft.

Printed in Poland
by Amazon Fulfillment
Poland Sp. z o.o., Wrocław

37159159R00077